周期表

族 / 周期	1	2	3	4	5	6	7	8	9	10	11	12	13	14	15	16	17	18
1	1 H 1.008																	2 He 4.003
2	3 Li 6.941	4 Be 9.012											5 B 10.81	6 C 12.01	7 N 14.01	8 O 16.00	9 F 19.00	10 Ne 20.18
3	11 Na 22.99	12 Mg 24.31											13 Al 26.98	14 Si 28.09	15 P 30.97	16 S 32.07	17 Cl 35.45	18 Ar 39.95
4	19 K 39.10	20 Ca 40.08	21 Sc 44.96	22 Ti 47.87	23 V 50.94	24 Cr 52.00	25 Mn 54.94	26 Fe 55.85	27 Co 58.93	28 Ni 58.69	29 Cu 63.55	30 Zn 65.39	31 Ga 69.72	32 Ge 72.61	33 As 74.92	34 Se 78.96	35 Br 79.90	36 Kr 83.80
5	37 Rb 85.47	38 Sr 87.62	39 Y 88.91	40 Zr 91.22	41 Nb 92.91	42 Mo 95.94	43 Tc (98)	44 Ru 101.1	45 Rh 102.9	46 Pd 106.4	47 Ag 107.9	48 Cd 112.4	49 In 114.8	50 Sn 118.7	51 Sb 121.8	52 Te 127.6	53 I 126.9	54 Xe 131.3
6	55 Cs 132.9	56 Ba 137.3	57-71 *	72 Hf 178.5	73 Ta 180.9	74 W 183.8	75 Re 186.2	76 Os 190.2	77 Ir 192.2	78 Pt 195.1	79 Au 197.0	80 Hg 200.6	81 Tl 204.4	82 Pb 207.2	83 Bi 209.0	84 Po (209)	85 At (210)	86 Rn (222)
7	87 Fr (223)	88 Ra (226)	89-103 **	104 Rf (261)	105 Db (262)	106 Sg (263)	107 Bh (264)	108 Hs (269)	109 Mt (268)	110 Uun (269)	111 Uuu (272)	112 Uub (277)						

ランタノイド *

57 La 138.9	58 Ce 140.1	59 Pr 140.9	60 Nd 144.2	61 Pm (145)	62 Sm 150.4	63 Eu 152.0	64 Gd 157.3	65 Tb 158.9	66 Dy 162.5	67 Ho 164.9	68 Er 167.3	69 Tm 168.9	70 Yb 173.0	71 Lu 175.0

アクチノイド **

89 Ac (227)	90 Th 232.0	91 Pa 231.0	92 U 238.0	93 Np (237)	94 Pu (244)	95 Am (243)	96 Cm (247)	97 Bk (247)	98 Cf (251)	99 Es (252)	100 Fm (257)	101 Md (258)	102 No (259)	103 Lr (260)

(注) ここに与えた原子量は概略値である。
( ) 内の値はその元素の既知の最長半減期をもつ同位体の質量数である。

ライブラリ工科系物質科学=4

工学のための
物　理　化　学
――熱力学・電気化学・固体反応論――

永井　正幸・片山　恵一
大倉　利典・梅村　和夫　共著

サイエンス社

サイエンス社のホームページのご案内
http://www.saiensu.co.jp
ご意見・ご要望は　rikei@saiensu.co.jp　まで

はじめに

　物理化学が主として対象とするのは，量子化学，化学結合論，構造論，熱力学・統計力学，反応速度論，溶液論，電解質・電気化学，固体化学，固体物性などであり，最近では生物物理化学などを含む場合もある．ライブラリ工科系物質科学の1つとして発刊される本書では，同じライブラリの他書との重複を避けるとともに，工学への応用に重点をおく点に留意して，対象とする範囲を限定することにした．そのために，量子化学，化学結合論，構造論，統計力学，固体化学，固体物性などの内容は，それらを独立して取り扱ってはいない．しかし，そのような知識は本書を理解する上で必要となるので，それらに関連する事項については丁寧に説明するように努めた．

　物理化学は系や状態の普遍的描写を基本として体系化されているので，必然的に気体・液体・固体のすべてを取り扱うことになる．本書では，気体状態を出発点として諸変数間の関係が誘導される熱力学，次に溶液状態を主対象として体系化されてきた電気化学，最後に定量的に扱いやすい気体や液体を対象として発展してきた反応速度論の主要な3つの単元から成る．一方，工学的応用の観点からは，多くの物質は固体状態で利用されるため，導かれた理論や関係式が固体(または凝縮系)へ適用できるか否かは実用上大きな意味がある．そこで，本書では，基礎的な部分では現象や物性を最も記述しやすい状態(気体や液体が多い)を例にとり説明しているが，応用面では実用材料(結晶やガラスなどの固体が多い)をできるだけ多く取り入れるようにした．したがって，本書の記述内容を理解するためには，固体の中でも結晶に対する知識がある程度必要となる．たとえば，量子化学に基づく化学結合とその結果形成される結晶に関する知識は，相転移や固相を含む状態図，固体を使用した電気化学，固相反応などを理解する場合に必須である．

　本書中では，関連項目をすべて説明することはできないので，たとえば，本ライブラリの『工学のための無機化学』に記載されている「第1章　基礎化学」の「1.1 原子と電子」や「1.2 化学結合」，「第2章　配位と構造」の「2.1 イオ

ンと配位」や「2.2 無機結晶およびガラス構造」，さらには「第 3 章　元素と化合物」の「3.1 格子欠陥と非化学量論組成」などを参照して頂きたい．物理化学は普遍性のある学問体系であるとともに，工業物理化学として多くの工業製品に関わりを持っている．したがって，勉学に取り組む動機付けがしやすく，また得られた知識を実証することができる点も励みになると思われる．読者が本書を活用して実用に役立てられることを大いに期待したい．

　本書の企画・編集にあたっては，(株) サイエンス社の田島伸彦氏に多大なご尽力を頂いた．刊行までのご支援に対して深甚の謝意を表する．

2006 年 6 月

永井　正幸
片山　恵一
大倉　利典
梅村　和夫

目 次

1 結晶構造と格子欠陥　1

1.1 化学結合と結晶構造　2
- 1.1.1 イオン結晶　2
- 1.1.2 共有結合性結晶　4
- 1.1.3 結晶構造の分類と相互関係　6

1.2 結晶構造と格子欠陥　8
- 1.2.1 格子欠陥の種類と表示法　8
- 1.2.2 NaCl 型結晶の内因性格子欠陥　10
- 1.2.3 蛍石型およびルチル型結晶の内因性格子欠陥　12
- 1.2.4 蛍石型およびペロブスカイト型の外因性格子欠陥　14
- 例題　16
- 演習問題　17

2 熱力学　19

2.1 熱力学は何を扱うのか　20
- 2.1.1 系　22
- 2.1.2 系の性質と変数　22
- 2.1.3 系の状態と過程　24

2.2 熱力学の基本法則　26
- 2.2.1 熱化学　26
- 2.2.2 反応熱の種類　28
- 2.2.3 熱力学第 1 法則とエンタルピー　30
- 2.2.4 定容熱容量と定圧熱容量　32
- 2.2.5 等温変化と断熱変化　36
- 2.2.6 カルノーサイクルと熱力学第 2 法則　38
- 2.2.7 クラウジウス・クラペイロンの式　42
- 2.2.8 エントロピー　44
- 2.2.9 熱力学第 3 法則　48

2.3 化学平衡　50
- 2.3.1 質量作用の法則　50
- 2.3.2 平衡定数　52
- 2.3.3 ギブズとヘルムホルツの自由エネルギー　56

		2.3.4	ギブズ・ヘルムホルツの式 ·································	58
		2.3.5	平衡定数とギブズの自由エネルギー ····················	60
		2.3.6	平衡定数の温度依存性 ·································	62
		2.3.7	自由エネルギーと反応の自発性 ··························	66
	2.4	**熱力学の工学的応用** ·······································		68
		2.4.1	相律 ··	68
		2.4.2	気体 ··	70
		2.4.3	液体 ··	76
		2.4.4	固体 ··	90
		例題 ···		98
		演習問題 ··		99

3 電気化学　　101

3.1 電気化学的な現象 ·· 102
 3.1.1 金属のサビ ··· 102
 3.1.2 金属のマイグレーション現象 ······································· 104
 3.1.3 電解質溶液中の拡散と速度論 ······································· 106
 3.1.4 電気化学滴定 ·· 108
 3.1.5 膜を介した平衡論 ·· 110

3.2 電解質の導電率 ··· 112
 3.2.1 溶液の導電率 ·· 112
 3.2.2 導電率と溶液の濃度 ··· 114
 3.2.3 イオンの移動度と輸率 ··· 116

3.3 電極と電位 ··· 118
 3.3.1 電池の起電力 (1) ·· 118
 3.3.2 電池の起電力 (2) ·· 120
 3.3.3 基準電極 ·· 122
 3.3.4 電極反応 ·· 124
 3.3.5 種々の金属の標準電極電位 ·· 126
 3.3.6 電極反応の解析－サイクリックボルタンメトリー ··················· 128

3.4 実用電池 ··· 130
 3.4.1 ニッケル水素電池 ·· 130
 3.4.2 ニッケルカドミウム電池 ·· 132
 3.4.3 リチウム電池とリチウムイオン電池 ································ 134
 3.4.4 燃料電池の原理 ·· 136
 3.4.5 燃料電池の種類と特徴 ··· 138
 例題 ·· 146
 演習問題 ··· 147

4 固体反応論　　149

4.1 相転移 　150
4.1.1 固相転移 　150
4.1.2 多形転移と転移速度 　152

4.2 核生成と成長 　154
4.2.1 均一核生成と不均一核生成 　154
4.2.2 結晶成長 　158
4.2.3 ガラスの結晶化 　160
4.2.4 結晶化ガラス 　162
4.2.5 核生成のない転移 (スピノーダル分解) 　164

4.3 拡散とその工学的応用 　166
4.3.1 拡散の法則 　166
4.3.2 拡散とイオン伝導 　176
4.3.3 固相反応 　178
4.3.4 焼結 　180
4.3.5 シリコン上の誘電体酸化皮膜 　184
例題 　186
演習問題 　187

演習問題の略解　　189

参考文献　　193

索引　　195

1 結晶構造と格子欠陥

1.1 化学結合と結晶構造
1.2 結晶構造と格子欠陥

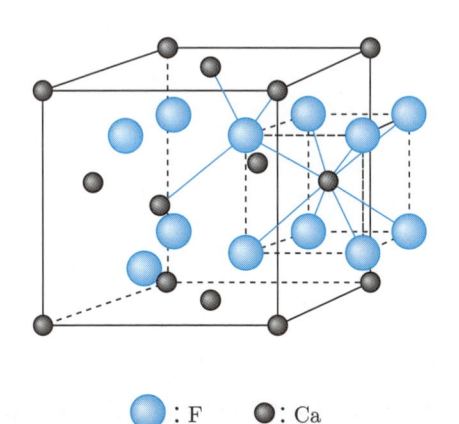

○：F ●：Ca

格子間位置と配位状態を示した蛍石型結晶構造

本書では，ライブラリ工科系物質科学シリーズの他書で扱っている内容との重複を避け，工学的に応用が可能な物理化学に焦点を絞って記述することを意図して，多くの分野に共通性の高い熱力学，反応速度論および電気化学の3分野を主対象としている．多くの物理化学的現象の中で，この3分野の関わる平衡論と速度論は常にその現象や状態の記述・解析に有用な方法を提供してきた．加えて，材料開発やデバイス応用に役立つ物理化学では，固体，なかでも結晶が圧倒的に高い比率を占めることを考慮して，第1章で化学結合と結晶構造およびその物性を支配することが多い格子欠陥を概説し，後の章の理解に役立てることとした．

● 1.1 化学結合と結晶構造 ●

構造の出発点は2原子間の化学結合である．膨大な種類の物質が存在する中で，3大材料とされる金属材料，非金属無機材料および高分子材料において，金属結合，イオン結合および共有結合がそれぞれ主要な役割を果たしている．特に，本書ではイオン結合あるいは共有結合で結びつく非金属無機材料の例を多く取りあげるので，イオン結晶と共有結合性結晶について簡潔に説明する．

1.1.1 イオン結晶

イオン結合で形成される**イオン結晶**は，固有の大きさを持つ陽陰両イオンがクーロン力で引き合うことによりクーロンエネルギーを下げ，両イオンが接すると電子雲間の反発により，大きな斥力により反発を受けるために両イオンがほぼ接するところで均衡するというモデルにより説明できる．そのために，イオン結晶中のイオンの配列を決定するためには，次の条件が必要となる．

(i) 陽イオンが周りの陰イオンのどれとも接する．
(ii) 最近接イオンの数(配位数)をできるだけ大きくする．
(iii) 陽イオンの周りの陰イオンは，お互いの反発を最小にするように配置する．

以上の条件より，陽陰両イオンの**イオン半径比**に基づき，**表 1.1** に示す理想的な**配位数**が決定される．実際には，陽イオンが小さ過ぎる場合や，陰イオン同士の反発が大きい場合は不安定となるので，イオン同士が接するか，**図 1.1**(b)に示すように陽イオンが陰イオンを押し拡げる場合が，(a) や (c) よりも安定である．**表 1.1** に示すイオン半径比に幅があるのは，このような理由による．

表 **1.1**　イオン半径比と配位数

陽イオンの周りの配位数	配列の仕方	r_X/r_A
2	直線	< 0.155
3	正三角形	$0.155 \sim 0.225$
4	正四面体	$0.225 \sim 0.414$
4	平面正四角形	$0.414 \sim 0.732$
6	正八面体	$0.414 \sim 0.732$
8	立方体	$0.732 \sim 1.000$
12	最密充填	1.000

r_X：陽イオン半径　　　r_A：陰イオン半径

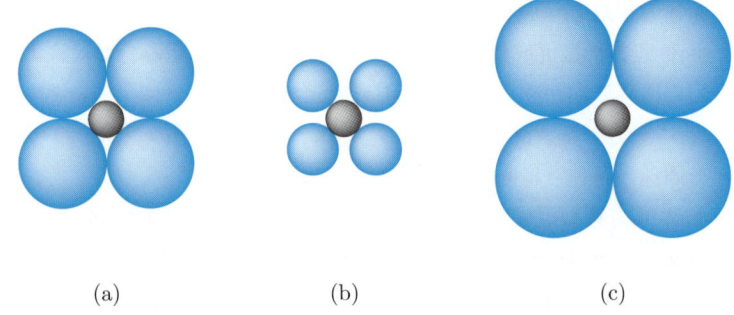

(a)　　　　　　(b)　　　　　　(c)

図 **1.1**　平面 4 配位の陰イオンの半径が変化したときの陽陰両イオンの配置例

1.1.2 共有結合性結晶

共有結合から形成される結晶構造は，原子核の周りをまわる電子の軌道 (**原子軌道**) が重要な役割を果たす．多くの電子のうち，価電子と呼ばれる最外殻に位置する電子が結合に関与するので，その原子軌道が決まると原子配列が決まる．実際の**共有結合性結晶**では，s, p, d, f 軌道を用いるだけでは，原子配列をうまく説明できないものが多い．そこで，対象とする電子の持つエネルギーレベルが近い原子軌道では，いくつかの軌道が混合して新たに元とは異なる軌道 (**混成軌道**) を使って原子配置が説明される．以下に，代表的な混成軌道の例を挙げ，その立体配置を**図 1.2** に示す．

(i) sp^3 四面体型混成軌道：1 つの s 軌道と p_x, p_y, p_z 軌道の組み合わせによる，四面体の頂点に向かう四面体型軌道である．

(ii) sd^3 四面体混成軌道：1 つの s 軌道と d_{xy}, d_{xz}, d_{yz} の組み合わせによる，四面体の頂点方向へ向かう四面体型軌道である．

(iii) dsp^2 正方形型混成軌道：$d_{x^2-y^2}$, s, p_x, p_y 軌道の組み合わせによる，xy 平面の四隅に向かう正方形型の混成軌道である．

(iv) dsp^3 三方両錐型混成軌道：d_{z^2}, s, p_x, p_y, p_z 軌道の組み合わせによる，三方両錐の各頂点に向かう混成軌道である．

(v) dsp^3 正方錐型混成軌道：s, $p_x, p_y, p_z, d_{x^2-y^2}$ 軌道の組み合わせによる，正方錐の各頂点に向かうすべてが等価ではない混成軌道である．

(vi) d^2sp^3 八面体型混成軌道：$d_{x^2-y^2}, d_{z^2}$, s, p_x, p_y, p_z の組み合わせによる，八面体の各頂点に向かう混成軌道である．

s, p, d, f 軌道をそのまま使う共有結合と，上記例を含めた混成軌道を使う場合のいずれによっても，電子の空間的拡がりにより形成される結合は規定されるので，s 軌道を除いて結晶中の原子の配列も軌道の空間的な拡がりを反映して決定される．

このような原子軌道を持つ原子が近づいたときに，共有結合が形成されるか否かは，結合の形成に使うことのできる電子に占有されていない空軌道があること，および軌道の対称性に基づき推定できる．原子軌道が結びついた新たな分子の軌道を考える**分子軌道法**によると，結合が形成される**結合性軌道**では元の状態よりエネルギーが下がり，結合が形成されない**非結合性軌道**では，エネルギーが上がることで，結合生成の可否を判断できる．

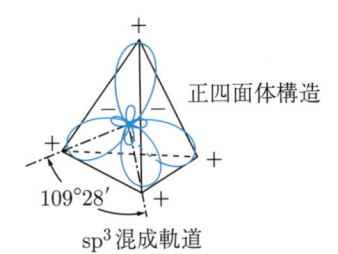

(i) sp³混成

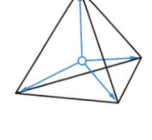

(ii) sd³：四面体型
(s, d_{xy}, d_{yz}, d_{xz})

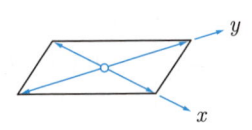

(iii) dsp²：正方形型
(s, p_x, p_y, $d_{x^2-y^2}$)

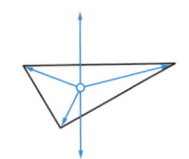

(iv) dsp³：三方両錘型
(s, p_x, p_y, p_z, d_{z^2})

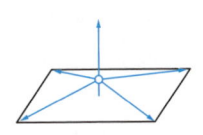

(v) dsp³：正方錘型
(s, p_x, p_y, p_z, $d_{x^2-y^2}$)

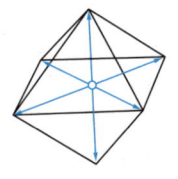

(vi) d²sp³：八面体型
(s, p_x, p_y, p_z, d_{z^2}, $d_{x^2-y^2}$)

図 **1.2** 無機化合物にみられる代表的な混成軌道

1.1.3 結晶構造の分類と相互関係

結晶構造を分類するには，結合様式・配位数・元素の組成比等に基づく方法がある．たとえば，**表 1.2** に示す組成比と配位数に基づく分類は，広く用いられている．

無機化合物，中でも酸化物に限定すると，**電気陰性度**が大きい酸素と小さい金属により構成されるために，イオン結合を主な凝集力と考えて，多くの場合に結晶構造を理解することができる．具体的には，酸化物イオンの**最密充填構造**から出発して，その隙間に陽イオンを配置していくものである．一方で，酸化物以外にも窒化物あるいは炭化物等の共有結合性の強い結晶が次々に合成されており，イオン結晶と共有結合性の結晶も含めて総括的に理解できる分類が望まれる．そこで，凝集力の種類を問わず強固に結合した結果として得られる密充填構造を基本として，結晶構造を分類する．基本構造の**単純立方格子・立方最密充填格子・六方最密充填格子**の 3 つから出発して，各結晶構造の相互関係をみていく．

単純立方格子から導かれる構造には，体心格子も含まれるとする．その代表的な結晶構造は **CsCl** 型であり，これから**ルチル型**，**CaB$_6$** 型が導かれる．また，その体心位置にイオングループを置くと，**ReO$_3$** 型となる．この ReO$_3$ 型は，立方最密充填格子から導かれる**ペロブスカイト型**の一部の原子を取り除くことで構成できる．さらに，立方最密充填格子から導かれる**パイロクロア型**とも類似関係にある．

立方最密充填構造の代表例は **NaCl** 型であるが，他には単純立方格子との関連で説明したペロブスカイト型・**スピネル型**・**閃亜鉛鉱型**がよく知られた構造である．特に，閃亜鉛鉱型からは，**ダイヤモンド型**・**蛍石型**等の重要な結晶構造が導かれる．この閃亜鉛鉱型は，六方最密充填格子に含まれる**ウルツ鉱型**と，構造的にも物性的にも近い関係にある．

六方最密充填格子の代表例は**コランダム型**である．この構造からはペロブスカイト型に近い構造をとる**イルメナイト型**が導かれる．他には，**WC 型・NiAs 型**・ウルツ鉱型がある．

構造的な類似性の例として，CsCl 型とルチル型を対比して**図 1.3** に示す．ルチル型構造は，体心正方格子をとるチタンを酸素が 6 配位的にとり囲んでいる様子が明確に示されている．

表 1.2 組成と配位数による結晶構造の分類

組成 [a]	配位数	結晶構造
AB	4:4	閃亜鉛鉱型
AB	4:4	ウルツ鉱型
AB	6:6	NaCl 型
AB	6:6	NiAs 型
AB	8:8	CsCl 型
AB_2	6:3	ルチル型
AB_2	8:4	蛍石型
A_2B	4:8	逆蛍石型
A_2B_3	6:4	コランダム型

a) A は金属原子, B は陰性原子

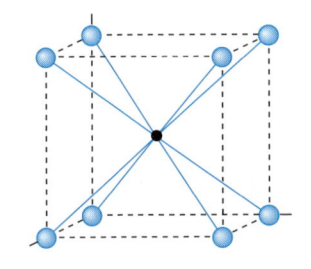

●:陽イオン　●:陰イオン　　　●: O　●: Ti

(a) CsCl 型結晶構造　　　(b) ルチル型結晶構造

図 1.3　CsCl 型結晶構造とルチル型結晶構造

● 1.2 結晶構造と格子欠陥 ●

　理想的な結晶には，不純物や格子の不完全性(格子欠陥)が全く含まれない．しかし，このような結晶は絶対零度においてゼロ点振動を除いて原子が静止したときに存在する可能性はあるが，仮想的なものである．現実の結晶中には，不純物や格子欠陥が含まれ，その結晶の物性に程度の差はあるとして，必ず影響を及ぼすと考えられる．ここでは，格子欠陥の構造と化学について説明する．

1.2.1　格子欠陥の種類と表示法

　結晶の不完全性は，電子レベルのミクロなものから，欠陥の集合体のような大きなものまで様々な種類がある．**表 1.3** にその代表例を示す．一般に**格子欠陥**という場合は，**点欠陥**のことを示すことが多い．固体材料の性質は，格子欠陥によって影響されることが多いので，格子欠陥と性質との相関を理解することは，非常に重要である．

　代表的な格子欠陥の種類とその模式図を**表 1.4** および**図 1.4** に示す．格子欠陥の表記法は，これまでに数多く提案されている．ここでは，格子欠陥の位置と有効電荷が容易に判別できる利点を持つ，**クレーガー・ビンク (Kröger-Vink)** の表記法を採用する．点欠陥の位置にある原子を A，その位置を B，点欠陥の**有効電荷**を n として，次のように表記される．

　A_B^n：B 位置にある有効電荷 n を持つ元素または格子空孔
　A：元素記号または V(格子空孔)
　B：右下に記し，原子の占有位置または i(格子間位置)
　n：右上に記し，有効電荷(結晶中で原子が周囲の場に対して実効的に
　　　働く電荷)，˙(+1 価を表す)，′(−1 価を表す)，×(中性を表す)

　真空中に + または − の電荷が存在する場合は，その電荷がその場の電荷となる．一方，結晶中の場合は，周囲にイオンあるいは原子が存在するので，中心にあるイオンがその周囲に対して有効に働く電荷量が，真空中とは異なってくる．たとえば，陽イオンの周囲には電気的な中性を保つために必ず陰イオンが存在しているので，陽イオンがその位置から抜け出ると，そのミクロな近傍は陰イオン過剰となる．このことは，陽イオン格子空孔が生成すると，局所的に有効に働く電荷は − となることを意味する．このような場を考慮に入れて，**有効電荷**を格子欠陥の表記法に取り入れたのが，クレーガー・ビンク表記法の特長である．

1.2 結晶構造と格子欠陥

表 1.3 代表的な格子欠陥

名称	説明
[電子的欠陥]	
電子	非局在電子など
正孔	非局在正孔など
[点欠陥]	
格子空孔	原子が抜けた格子点
格子間原子	正規位置以外の原子
置換原子	異種の原子が置換して生成
不純物原子	異種原子の侵入
帯電空孔	空孔に電子や正孔が存在
[複合欠陥]	
会合中心	複数の点欠陥の集合
せん断構造	欠陥の二次元的集合

表 1.4 クレーガー・ビンク法による格子欠陥の表示法

欠陥の種類	欠陥表示記号	有効電荷
非局在電子	e'	-1
非局在正孔	$h^{\cdot}$	$+1$
A 格子空孔	V_A''	-2
B 格子空孔	$V_B^{\cdot\cdot}$	$+2$
A 格子間原子	$A_i^{\cdot\cdot}$	$+2$
B 格子間原子	B_i''	-2
A 位置の X 原子	$X_A^{\times}$	0
B 位置の Y 原子	$Y_B^{\times}$	0
A と B 空孔の会合	$(V_A'' V_B^{\cdot\cdot})^{\times}$	0

A と X は +2, B と Y は −2 の原子価とする

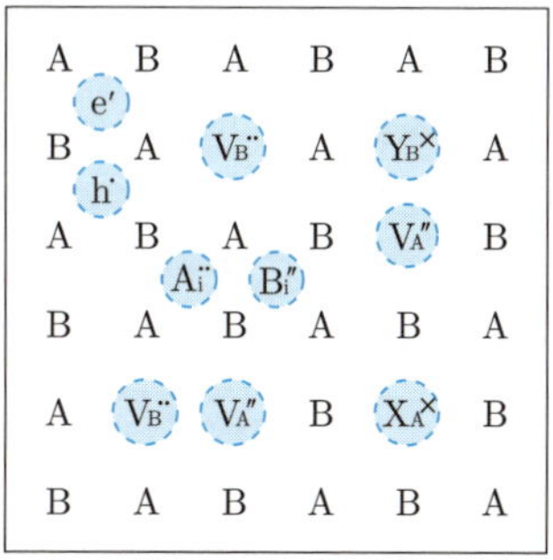

図 1.4 AB 型結晶中の代表的な格子欠陥

この表示法を用いて，**格子空孔**，**格子間原子**の表記がどのようになるかを考えよう．

(i) 格子空孔

化合物 A^+B^- に格子欠陥が生成するとき，A^+ および B^- の位置にある格子空孔は，それぞれ V_A および V_B で表される．A^+ の格子空孔は格子点から A 原子と +1 の電荷を取り除くことになる．結晶は常に電気的中性条件を保つので，+1 価の電荷がなくなると，その局所的な近傍は −1 価に電荷を持つ．すなわち有効電荷は −1 である．そこで，表示は V'_A となる．同様に，A^+ の格子間原子が生成すると，格子間位置には元々電荷がないために，その表記は $A_i^{\cdot}$ となる．

1.2.2 NaCl 型結晶の内因性格子欠陥

内因性格子欠陥とは，不純物などの外部からの侵入がなくても，何らかの結晶格子の不完全性が存在する場合である．代表例として，**NaCl** 型の場合を考えよう．遷移金属化合物の中で NaCl 型構造をとる **FeO**，**MnO** あるいは **TiO** などでは，酸素位置あるいは酸素と金属位置の両方で，格子空孔が大量に生成しやすいことが知られている．たとえば，Fe-O 系の**平衡状態図**は**図 1.5** に示すように，本来の**化学量論組成**から大きくずれている．この組成を**非化学量論組成**というが，ずれが大きいと格子空孔や格子間原子が多量に生成することになる．非化学量論の $Fe_{1-\delta}O$ は，クレーガー・ビンク表示により，次のように表される．

$$Fe_{Fe\,(1-3\delta)}{}^{\times} Fe_{Fe\,(2\delta)}{}^{\cdot\cdot} V_{Fe\,(\delta)}{}'' O_{O\times} \tag{1.1}$$

$$Fe_{Fe\,(1-2\delta)}{}^{\times} Fe_{i}{}^{\cdot\cdot} V_{Fe\,(\delta)}{}'' O_{O\times} \tag{1.2}$$

このうち，(1.1) 式で表される格子欠陥は，2 価の鉄イオンの位置に 3 価の鉄イオンが生成することにより有効電荷が + となり，その正電荷を補償するように，− の有効電荷を持つ鉄の格子空孔が生成する，というモデルである．他方，(1.2) 式で表される格子欠陥は，格子間位置に 2 価の鉄イオンが生成することにより有効電荷が + となり，その正電荷を補償するように，− の有効電荷を持つ鉄の格子空孔が生成する，というモデルである．詳しい解析によると，(1.2) 式で表される有効電荷が +2 の格子間イオンが生成し，それが − の有効電荷を持つ格子空孔と**会合** (格子欠陥同士の複合体) を形成しているとされている．代表的な会合の例を図 1.6 に示す．このような空間的に拡がりを持つ空孔は，集合による歪エネルギーの増大とクーロンエネルギーの減少のバランスで安定性がきまり，いくつか集まった会合は**クラスター**と呼ばれる．

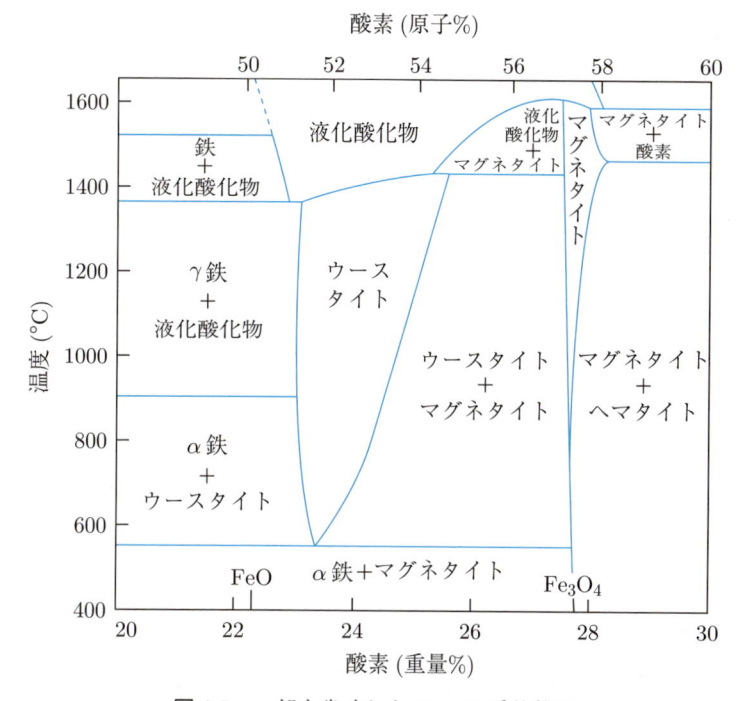

図 1.5　一部を省略した Fe - O 系状態図

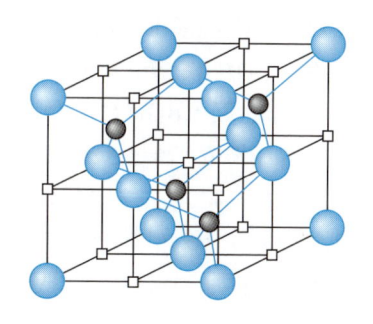

□：Fe 格子空孔　●：格子間 Fe　●：O

図 1.6　FeO 中の欠陥 (Koch クラスター)

1.2.3 蛍石型およびルチル型結晶の内因性格子欠陥

同じ内因性格子欠陥でも，結晶構造が異なると違った様相を呈する．**蛍石型構造**を図 **1.7** に示す．この構造は，イオン性が強い結合様式と考えられている．この場合，陽イオンが立方体の最密充填格子を形成し，陰イオンはその四面体の隙間に入っている．陰イオンだけで構成する立方体は，その中心に大きな隙間を持っていることが分かる．そのために，この結晶構造をとる化合物では，陰イオンがその隙間に入り込んだ格子間原子が生成しやすく，その典型例に UO_{2+x} がある．クレーガー・ビンク表示では，次のように記される．

$$U_{U(1-2x)}{}^{\times} U_{U(2x)}{}^{\cdot} O_{O(2)}{}^{\times} O_{i(x)}{}'' \tag{1.3}$$

過剰の酸素は格子間位置に入るが，電気的な中性を保つために一部の U は元の +4 からずれて +5 をとることになる．陰イオンが入り込んだ位置は陽イオンの 6 配位位置であるが，最近接位置には陰イオンが存在する．したがって，陰イオン同士の反発が生じるので，近接するイオンは本来の格子点からずれることになる．このような格子欠陥の配置も**クラスター**と呼ばれる．

もう 1 つの格子欠陥の集合した例として，ルチル型の**マグネリ相中のせん断 (シェア) 構造**と呼ばれる面欠陥がある．図 **1.8** に示すように，TiO_6 八面体は稜を介して z 軸方向に連なり，xy 平面では頂点を介して連結している．この xy 平面内で，図 **1.8(a)** に示すような二次元的な酸素の欠落が起こると，原子の集団的な変位が起こる．すなわち，頂点を介して連結していた TiO_6 八面体が，面を介して連結するようになる．その結果，チタン原子間の距離が短くなり，正電荷間の反発が強まる．そのために，図 **1.8(b)** に示すようなチタン原子間を押し広げる方向の変位が生じてせん断構造が誘起される．チタン以外には，タングステンやモリブデンの酸化物もこのようなせん断構造をとる．

これらの化合物は，規則性のある一般式に従う．モリブデン，タングステン，チタンの順に Mo_nO_{3n-1}，Mo_nO_{3n-2}，W_nO_{3n-1}，W_nO_{3n-2} および TiO_{2n-1} である．ここで n は 4 以上の値をとることができる．チタン系では，Ti_4O_7，Ti_5O_9，Ti_6O_{11} などであり，モリブデン系では，Mo_4O_{11}，Mo_5O_{14}，Mo_6O_{17} などである．このような構造は，点欠陥で存在するよりも面欠陥の方が安定であることを示すが，その原因はクーロン的な相互作用あるいは，共有結合的な電子軌道の重なりのいずれかとされている．

○ : F　● : Ca

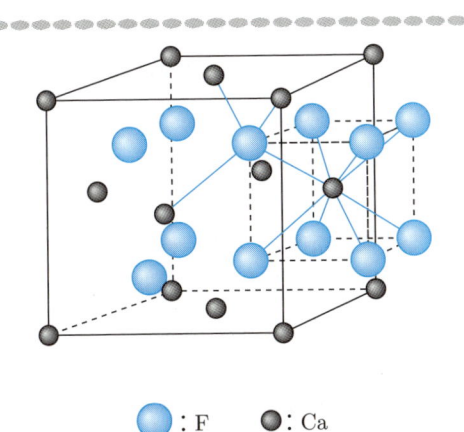

図 1.7 格子間位置と配位状態を示した蛍石型結晶構造

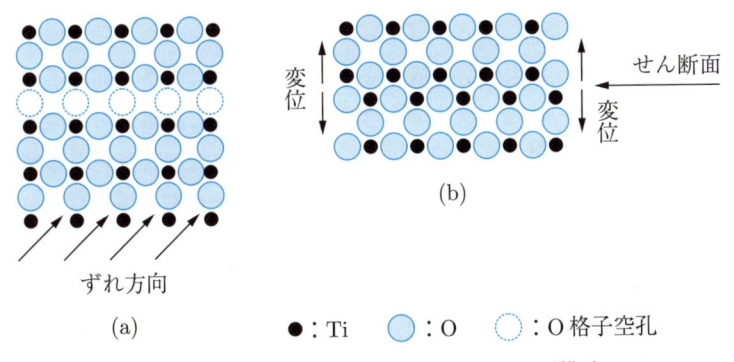

● : Ti　○ : O　◯ : O格子空孔

図 1.8 模式的な二次元 TiO_2 中のせん断構造

1.2.4 蛍石型およびペロブスカイト型の外因性格子欠陥

酸化ジルコニウム (ジルコニア) は高温で**蛍石型構造**をとるが，**図 1.9** の状態図にみられるように，温度を下げると正方晶を経て室温付近では単斜晶となる．このとき相転移に伴って大きな体積変化が起こるので，純粋な結晶は温度サイクルによって崩壊する．これを避けるために，2 価又は 3 価をとる金属の酸化物を添加することで，格子を安定化して相転移を抑制することが行われている．このように相転移をなくし，蛍石型構造を広い温度範囲でとるようにした酸化ジルコニウムを**安定化ジルコニア**とよんでいる．たとえば，$(1-x)ZrO_2\text{-}(x)CaO$ では，陽イオンの電荷が異なるために，次のような**外因的な格子欠陥** (他種類の元素を入れたことにより生成する欠陥) を生成する．

$$Zr_{Zr(1-x)}{}^{\times} Ca_{Zr(x)}{}'' O_{O(2-x)}{}^{\times} V_{O(x)}{}^{\cdot\cdot} \tag{1.4}$$

または，

$$Zr_{Zr2(1-x)/(2-x)}{}^{\times} Ca_{Zr(x)/(2-x)}{}'' Ca_{i(x)/(2-x)}{}^{\cdot\cdot} O_{O(2)}{}^{\times} \tag{1.5}$$

このように酸素位置に欠陥が生成するか，カルシウムの格子間原子が生成するかの 2 通りが考えられる．格子の大きさや密度測定の結果から，酸素空孔が生成していることが確認されている．この場合も，有効電荷が異なる格子欠陥同士は引き合うので，会合を形成する場合がある．その配置例を**図 1.10** に示す．－の有効電荷を持つジルコニウム位置にあるカルシウムが，＋の有効電荷を持つ酸素空孔とクーロン的な相互作用により束縛されていることを示している．高濃度の酸素空孔を持つ安定化ジルコニアは，高温において**酸化物イオン伝導体**として知られており，**燃料電池**の電解質として使用される．

図 1.11 に示すペロブスカイト型構造においても，電子的な欠陥に加えて電子的な欠陥生成が起こりうる．たとえば，$CaTiO_3$ に Al_2O_3 を x mol%添加した場合，アルミニウムがチタンを置換して溶け込むとする．そのとき，次のような欠陥が生成する．

$$Ca_{Ca}{}^{\times} Ti_{Ti(1-x)}{}^{\times} Al_{Ti(x)}{}' O_{O(3-x/2)}{}^{\times} V_{O(x/2)}{}^{\cdot\cdot} \tag{1.6}$$

または，

$$Ca_{Ca}{}^{\times} Ti_{Ti(1-2x)}{}^{\times} Ti_{Ti(x)}{}^{\cdot} Al_{Ti(x)}{}' O_{O(3)}{}^{\times} \tag{1.7}$$

このように原子価が変化しない場合には，格子空孔が生成するのに対して，原子価が変化する場合は，格子空孔の生成は抑制されることが分かる．格子空孔の生成はイオン伝導を，原子価の変化は電子伝導を発現しやすい．

1.2 結晶構造と格子欠陥

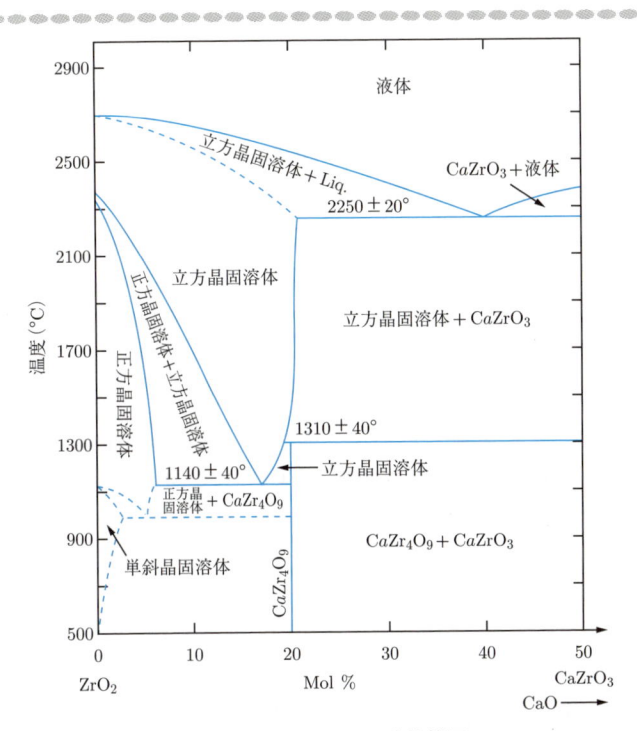

図 **1.9** CaO-ZrO$_2$ 系状態図

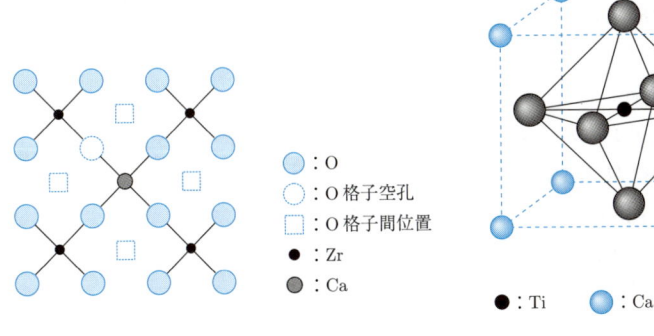

図 **1.10** 蛍石型結晶中の外因性格子欠陥

凡例:
- ○ : O
- ○ O 格子空孔
- □ O 格子間位置
- ● : Zr
- ● : Ca

図 **1.11** ペロブスカイト型結晶構造 (CaTiO$_3$ の例)

● : Ti   ○ : Ca   ○ : O

例題

[1-1] 安定化ジルコニアは，ZrO_2 に CaO などを添加して作製される．その結果，(1.4) 式で示す酸素の格子空孔の生成か，(1.5) 式で示す Ca の格子間イオンの生成のいずれかが起こる．いま，ZrO_2 に CaO を 15mol％添加したところ，安定化ジルコニアの格子定数は 0.513nm(5.13×10^{-8}cm) となり，その密度は 5.58g/cm^3 となった．これより，格子空孔が生成する場合と，格子間イオンが生成する場合の密度を求め，どちらのモデルが妥当であるか判定せよ．

(解答) 格子空孔の生成する場合の組成式は，$Zr_{0.85}Ca_{0.15}O_{1.85}$ である．したがって，式量は $91.2\times 0.85+40.1\times 0.15+16.0\times 1.85 = 77.52+6.02+29.6 = 113.14$ となる．

一方，格子間イオンが生成する場合の組成式は，$Zr_{0.919}Ca_{0.162}O_2$ となる．したがって，式量は $91.2\times 0.919+40.1\times 0.162+16.0\times 2 = 83.81+6.50+32 = 122.31$ となる．

理論密度 d は次式で与えられる．

$$d = 4w/(a^3 N_A) \tag{1.8}$$

ここで，w は単位格子中に含まれる ZrO_2 の式量であり，a は格子定数，N_A はアヴォガドロ数である．

格子空孔が生成する場合は，(1.8) 式に w=113.14 を入れると，

$d = 4 \times 113.14/\{(5.13 \times 10^{-8})^3 \times 6.02 \times 10^{23})\}$
$\quad = 452.56/(135 \times 10^{-24} \times 6.02 \times 10^{23})$
$\quad = 452.56/(812.7 \times 10^{-1})$
$\quad = 5.57$g/cm^3

となる．
一方，格子間イオンの場合は，(1.8) 式に w=122.31 を入れると，

$d = 4 \times 122.31/\{(5.13 \times 10^{-8})^3 \times 6.02 \times 10^{23})\}$
$\quad = 489.24/(135 \times 10^{-24} \times 6.02 \times 10^{23})$
$\quad = 489.24/(812.7 \times 10^{-1})$
$\quad = 6.02$g/cm^3

となる．したがって，実測値と近いのは，格子空孔が生成するモデルである．酸化物イオンの空孔濃度が高くなると，高温において格子空孔の移動が容易となり，高い酸化物イオン伝導が生じるようになる．

演習問題

1.1 次に示す CsCl 型結晶構造とルチル型結晶構造の単位格子において，その中に含まれる各構成原子数を図より求めよ．

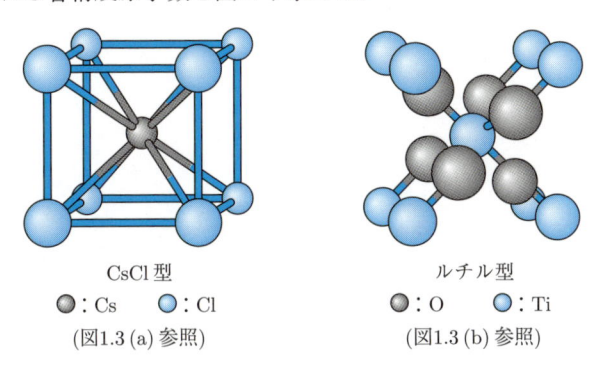

CsCl 型
● : Cs　〇 : Cl
(図 1.3 (a) 参照)

ルチル型
● : O　〇 : Ti
(図 1.3 (b) 参照)

1.2 立方晶構造をとる NaCl 型結晶の単位格子を図に示す．その密度を計算により求めよ．ただし，格子定数 (立方体の一辺の長さ) は 0.563nm であり，原子量は，Na=23.0，Cl=35.5 とする．

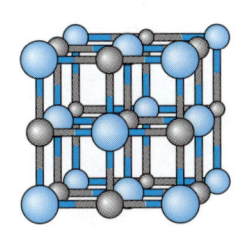

NaCl 型結晶構造

1.3 TiO は NaCl 型結晶構造をとる．この構造中では，Ti と O が同時に格子空孔を形成することが知られている．Ti と O のそれぞれの格子空孔を，クレーガー・ビンク表示により示せ．

1.4 イットリア (Y_2O_3) 安定化ジルコニア (ZrO_2) のジルコニウムを置換したイットリウムのクレーガー・ビンク表示を示せ．また，酸化物イオンの格子空孔との静電的な相互作用により，物理的な性質に対してどのような影響が予測されるかを考察せよ．

2 熱力学

2.1 熱力学は何を扱うのか
2.2 熱力学の基本法則
2.3 化学平衡
2.4 熱力学の工学的応用

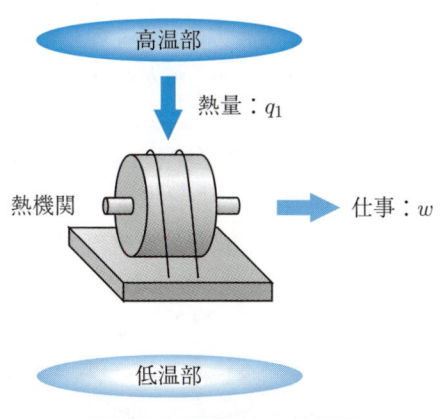

高温部

熱量：q_1

熱機関 → 仕事：w

低温部

低温部を利用しない熱機関

2.1 熱力学は何を扱うのか

　化学においてはエネルギーを様々な側面から観察することが多い．ところでエネルギーといえば，どのようなエネルギーを思い出すだろうか．運動エネルギー，位置エネルギー，熱エネルギー，電気エネルギー，機械エネルギーなど，多くの名前が頭に浮かぶであろう．さらに化学分野に関連するエネルギーだけを考えてみても，核エネルギー，表面エネルギー，磁気エネルギーなど，その枚挙に暇がない．熱力学は，これらの様々なエネルギーの現れ方や使われ方，消費のされ方などの相互関係を理論的に扱うものであり，エネルギーが形を変える場合に考慮しなければならない重要な学問である．

　エネルギーとは仕事をし得る能力と考えてよい．たとえば，ゆっくり動いている物体よりも，高速で動いている物体を受け止める方が大きな圧力を感じる．また，低いところから飛び降りるよりも，高いところから飛び降りた方が着地したときに膝に掛かる負担が大きい．少し例は古いが，蒸気機関車は高温蒸気でなければ動かないことから判断しても，低温に比べて高温の方が数倍多くのエネルギーを有していることが理解できるであろう．

　熱力学が最も身近に利用されている例として，発電について考えてみよう．もちろん発電は，機械的エネルギーから電気的エネルギーへの変化を利用している．この場合の電気的エネルギー量は，発電機が発生する機械的エネルギーから摩擦，音，熱などとして消費されるエネルギーを除いた値である．この発電の様子を図 2.1 に示す．もちろん，電気エネルギーも熱などによってエネルギーの一部が消費される．このような考え方は，多くの先駆者達の多くの緻密な実験結果と，それに対する鋭い観察力とから導かれたものである．

　以上述べたように，熱力学においては化学反応に伴うエネルギー変化や状態変化などの巨視的現象を考慮するが，化学反応が起こる物質の内部構造など，原子や電子といった個々の粒子間の相互作用は考慮しない．つまり，"熱力学" は実体が分からない熱化学についても，関係式を整理することによって説明ができるようになる便利な学問である．一方 "統計力学" は，熱化学を原子や分子の動きと結びつけて理解する学問であり，これら 2 つの学問は現象の扱い方がマクロ的か，ミクロ的で区別されているに過ぎない (**表 2.1** 参照)．

2.1 熱力学は何を扱うのか

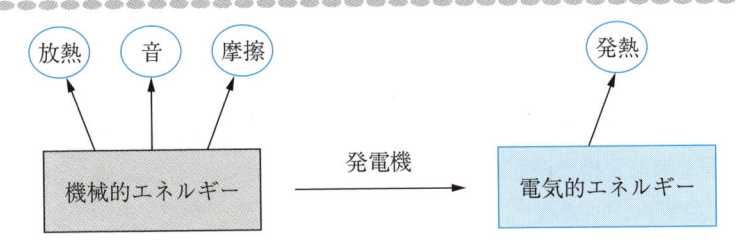

図 2.1 発電の概要 (エネルギー変化に関して)

表 2.1 統計学が扱う領域

統計力学について： 熱力学が物質のマクロな特性を扱うのに対して，統計力学 (Statistical Mechanics) は物質を構成する原子や分子，さらには粒子の構造などの情報を元にして，物質のミクロ的な特性を取り扱う．

2.1.1 系

熱力学を扱う場合には，対象となる系とそれ以外の外界との関係を考慮しなければならない．要するに，**系** (system) と**外界** (surrounding) との間には明確な境界や界面が存在していることを認識する必要がある．一例として，**図 2.2** に試験管を恒温水槽に浸した場合を示している．この場合は，何らかの反応が起こる試験管内が系であり，水槽内の水が外界である．ただ，系内の反応を外界からみていることに注意が必要である．

物質やエネルギーが系と外界を出入りする系は**開放系** (open system) と呼ばれ，エネルギーは出入りするが，物質の出入りが不可能な系は**閉鎖系** (closed system) と呼ばれる．また，エネルギーも物質も出入りができない系は**孤立系** (isolated system) である．図 2.2 は試験管に栓をしてあるが，この場合は閉鎖系であり，栓がなければ開放系である．これら 3 つの系に対する物質とエネルギーの出入りの関係を図 2.3 に示す．なお，図中のエネルギーは熱，または仕事であり，これらの熱や仕事は外界から系に入る場合を正，出る場合を負の値とし，物質の出入り同様，それぞれを区別しなければならない．

2.1.2 系の性質と変数

系を放置してもその性質に変化が認められない場合，その状態を"平衡状態"と呼ぶ．平衡状態においては，温度，圧力，容積，内部エネルギーなどの変数は一義的に定まる．このように熱力学的な性質がすべて固定される場合にのみ，熱力学的状態が定義されることになる．性質を表す変数は様々であり，それらは**示強変数**と**示量変数**に分かれる．前者は温度，圧力，密度，濃度などのように系の大きさに依存しない性質の値であり，強度因子とも呼ばれる．また，後者は体積，質量，内部エネルギーなどのように物質量によって変化する性質の値であり，容量因子とも呼ばれる．

系の均一性は示強変数から判断できる．つまり，2 つ以上の示強変数を有する場合の系は，均一な相ではないことになる．示強変数がどこを取っても同じである場合が均一系であり，2 つ以上の相を含んでいる系においては，もちろん示強変数が定まるわけではなく，このような場合が不均一系である．

2.1 熱力学は何を扱うのか

試験管（系）

恒温槽（外界）

図 2.2　系と外界

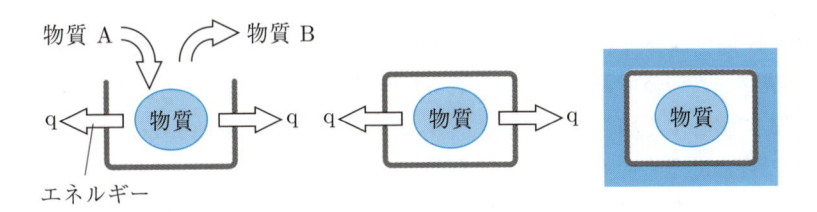

(a) 開放系　　　(b) 閉鎖系　　　(b) 孤立系

図 2.3　系と外界との関係

2.1.3 系の状態と過程

熱力学上，ある時点の状態がその時点にだけ依存するのか，またはそれ以前の状態によって現在の状態が決定されるのかを分けて考える必要がある．前者を"**状態関数**"，後者を"**経路関数**"と呼ぶ．圧力，体積，内部エネルギーなどの性質は現在の状態だけに依存し，それまでの経緯には依らないので状態関数である．状態関数の値が決まれば，系の状態は定まることになる．2.2 節では熱力学で常用される主要な語句について説明していくが，この中でも重要なものに"**内部エネルギー**"がある．内部エネルギーとは系が有する全エネルギーのことであるが，この値は系の始めと終わりの差だけで決まり，その途中の経路には無関係な状態関数である．前に説明した統計力学を用いることによって，状態関数の値を決めることができる．しかし，統計力学は分子や原子などの粒子個々を扱うために，その煩雑さは改めて言うまでもなく，このような場合に熱力学の有用さを実感することができる．

ここで経路関数について説明しよう．図 2.4 はある地形の平面的な図面 (いわゆる二次元で表される地図を思い出せばよい) と，その地形を三次元的に表示したものを示してあるが，これを利用して A 地点から B 地点へ移動する場合について考えよう．

A, B 地点は場所 (経度，緯度) も標高も決まっているが，場所や標高はルートに依存しない値であるため，これらは状態関数である．一方，A 地点から B 地点まで移動する場合，ルート 1 とルート 2 の 2 通りの道があるとする．それぞれの行程は全く別々のルートを利用しているため，移動に要する仕事量は異なり，この図から判断する場合には明らかにルート 1 の方が多くの仕事を必要とするはずである．つまり，移動に要した距離と仕事はそのルートに依存する経路関数であると考えることができる．熱力学も同様であり，仕事や熱は現在の状態だけで決まるのではなく，対象とする状態に至るまでの経路に依存することから，経路関数である．

2.1 熱力学は何を扱うのか   25

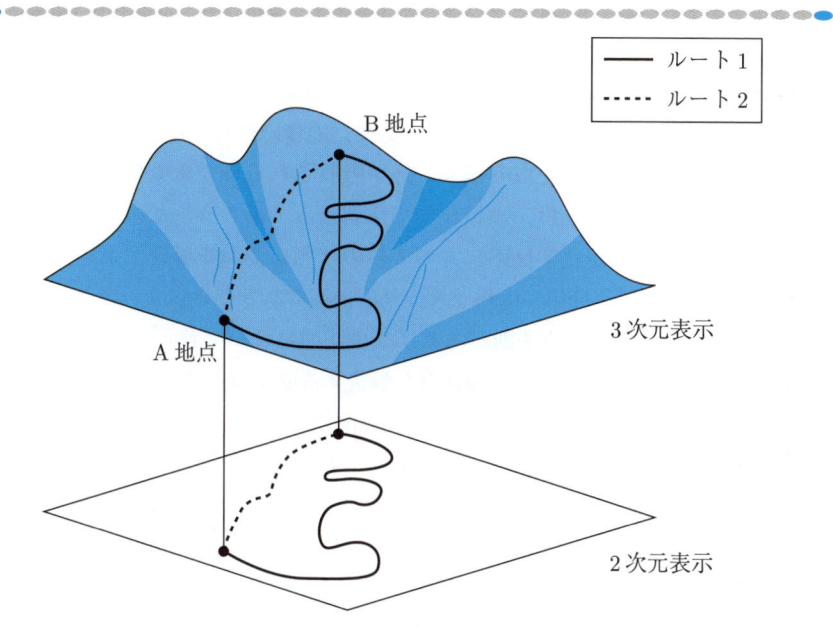

図 2.4 ある地形の 2 次元表示，および 3 次元表示

2.2 熱力学の基本法則

2.2.1 熱化学

熱化学では，化学反応や溶液の生成・蒸発，固体の融解・昇華など，集合状態の変化に伴う熱の出入りを取り扱う．熱が吸収される場合を吸熱，熱が発生する場合を発熱と呼ぶことは，高校化学で学習済みであろう．この場合の熱に関して『ある状態の系が化学反応によって他の状態に変わる場合，系を出入りする熱量は変化の方法・経緯に関係せず，反応前後の状態だけによって決まる』という有名なヘス (**Hess**) の法則がある．この法則について考えてみよう．

金属ナトリウムと塩素ガスから食塩を製造する2通りの方法を**表2.2**に示す．"方法1"は金属ナトリウムから固体の水酸化ナトリウムを作り，一方塩素ガスと水素を反応させて塩化水素ガスを作り，これら2つを反応させて食塩を得る方法である．それに対して"方法2"は，塩化水素ガスの作製は方法1と同様であるが，これに金属ナトリウムを直接反応させて食塩を得る方法である．表中にはこれらの方法に関する個々の反応式を熱変化量の値とともに示してある．これら2つの工程は異なるものの，製造に要する全熱量は工程に依存せず，一定であることが理解できる．つまり，ヘスの法則を用いれば，直接熱量が測定できない化学反応の反応熱も計算によって求められることが理解できる．

直接熱量が求められない場合の例をして，グラファイトから一酸化炭素が生成する反応について考えてみよう．炭素は酸素と反応して一酸化炭素となり，さらに一酸化炭素が酸素と反応して最終的に二酸化炭素になる．その場合の化学反応式は下に示す通りであり，このうち ΔH_2 と ΔH_3 は炭素や一酸化炭素が酸化する場合に発生する熱量である．これらの熱量は，熱量計という装置を用いることによって比較的容易に測定できる．しかし，ΔH_1 については炭素の酸化反応を一酸化炭素になった段階で止めなければならず，この値を測定することは極めて困難である．ここでヘスの法則を利用すると，全体の反応熱と ΔH_2 と ΔH_3 の値から，計算によって ΔH_1 が求められることになる．

$C(s) + 1/2O_2(g) = CO(g) \ -\Delta H_1$

$CO(g) + 1/2O_2(g) = CO_2(g) \ -\Delta H_2$

$C(s) + O_2(g) = CO_2(g) \ -\Delta H_3$

表 2.2 食塩を合成する 2 つの工程

方法 1	金属ナトリウムから得られる固体の水酸化ナトリウムと，塩素ガスと水素を反応させて得られる塩化水素ガスとを反応させて食塩を得る．
(反応 1)	$Na(s) + H_2O = NaOH(s) + 1/2H_2 - 140.9kJ/mol$
(反応 2)	$1/2H_2(g) + 1/2Cl_2 = HCl(g) - 92.3kJ/mol$
(反応 3)	$HCl(g) + NaOH(s) = NaCl(s) + H_2O(l) - 177.8kJ/mol$
全反応	$Na(s) + 1/2Cl_2(g) = NaCl(s) - 411.0kJ/mol$
方法 2	方法 1 と同様の方法で作製した塩化水素ガスを直接，金属ナトリウムと反応させて食塩を得る．
(反応 1)	$1/2H_2(g) + 1/2Cl_2(g) = HCl(g) - 92.3kJ/mol$
(反応 2)	$Na(s) + NCl(g) = NaCl(s)1/2H_2(g) - 318.7kJ/mol$
全反応	$Na(s) + 1/2Cl_2(g) = NaCl(s) - 411.0kJ/mol$

2.2.2 反応熱の種類

化学反応熱は，その反応毎に名前が付けられている．

生成熱：物質 1 モルが，その構成成分の単体元素から生成するときの反応熱である．その一例を**表 2.3** に示す．たとえば，前項でも解説した一酸化炭素の化学反応式は，次のように表される．このように，反応熱の値を書き入れた化学反応式を熱化学反応式と呼ぶ．

$$C + O_2 = CO + 111\text{kJ}$$

また，水の燃焼熱はその状態によって異なり，液体の方が大きいことは日常経験することである．

燃焼熱：物質 1 モルが完全に酸化して H_2O と CO_2 になる場合の反応熱であり，その一例を**表 2.4** に示す．たとえば，一酸化炭素の燃焼反応は次のように表される．

$$CO + 1/2 O_2 = CO_2 + 283\text{kJ}$$

溶解熱：1 モルの物質を多量の水に溶解したときの反応熱であり，ここで"多量"とは，『対象としている物質が溶解しても水の状態変数は変化しないほど多い』という意味である．要するに，物質を溶解した希釈状態の水にさらに水を加えても熱の出入りが観察されない状態を意味している．溶解熱の一例を**表 2.5** に示す．この例からも分かるように，溶解熱には発熱と吸熱がある．たとえば，水に硫酸が溶解するときの反応式は次のように表される．

$$H_2SO_4 + aq = H_2SO_4 aq + 95.3\text{kJ}$$

なお，aq はラテン語 aqua(水) の略であり，溶媒として多量の水がある場合に用いられる．

中和熱：酸と塩基が反応して水 1 モルを生じるときの反応熱であり，強酸・強塩基を用いた場合の化学反応式の一例を**表 2.6** に示す．この表から，強酸・強塩基の種類に係わらず，中和熱はほぼ等しい値であることが理解できるであろう．これは酸や塩基の種類に係わらず，H^+ と OH^- が反応して新たに 1 モルの H_2O を生じるためであり，この結果を含めた様々な物質の中和熱の結果から，水和反応式は中和熱の平均値を用いて次のように表される．

$$H^+ + OH^- = H_2O + 56.4\text{kJ/mol}$$

2.2 熱力学の基本法則

表 2.3 生成熱 ($kJmol^{-1}$)

化合物	状態	生成熱	化合物	状態	生成熱	化合物	状態	生成熱
H_2O	(気体)	241.8	CO	(気体)	110.5	MgO	(固体)	601.7
H_2O_2	(気体)	136.3	CO_2	(気体)	393.5	KOH	(固体)	424.8
HCl	(気体)	92.3	CH_4	(気体)	74.4	NaCl	(固体)	411.2
HBr	(気体)	36.4	C_2H_2	(気体)	-228.2	K_2CO_3	(固体)	1151
HI	(気体)	-26.5	CH_3OH	(液体)	239.1	CH_3COCH_3	(液体)	248.1
SO_2	(気体)	296.8	H_2O	(液体)	285.8	C_2H_6	(気体)	83.8
O_3	(気体)	-142.7	SiO_2	(固体)	910.9	C_3H_8	(気体)	104.7
NO	(気体)	-90.3	Fe_2O_3	(固体)	824.2	C_2H_4	(気体)	-52.5
NH_3	(気体)	46.1	Al_2O_3	(固体)	1657	C_6H_6	(液体)	-49.0

表 2.4 燃焼熱 ($kJmol^{-1}$)

物質	分子式	燃焼熱	物質	分子式	燃焼熱
水素	H_2	286	一酸化炭素	CO	284
ダイヤモンド	C	395	アンモニア	NH_3	381
黒鉛	C	394	エタノール	C_2H_6O	1368
メタン	CH_4	891	フェノール	C_6H_6O	3054
エタン	C_2H_6	1561	アセトン	C_3H_6O	1821
プロパン	C_3H_8	2219	ジエチルエーテル	$C_4H_{10}O$	2751
ヘキサン	C_6H_{14}	4163	ギ酸	CH_2O_2	253
オクタン	C_8H_{18}	5510	酢酸	$C_2H_4O_2$	874
ベンゼン	C_6H_6	3268	スクロース	$C_{12}H_{22}O_{11}$	5640
o-キシレン	C_8H_{10}	4596	グルコース	$C_6H_{12}O_6$	2803
エチレン	C_2H_4	1411	ナフタレン	$C_{10}H_8$	5156
アセチレン	C_2H_2	1302			

表 2.5 溶解熱 ($kJmol^{-1}$)

物質	分子式	溶解熱	物質	分子式	溶解熱
塩素 (気体)	Cl_2	23.4	ヨウ化カリウム	KI	-20.5
臭素 (液体)	Br_2	-2.6	硝酸カリウム	KNO_3	-34.7
ヨウ素	I_2	-22.6	硫酸マグネシウム	$MgSO_4$	91.2
塩化鉄 (III)	$FeCl_3$	151	塩化アンモニウム	NH_4Cl	-14.8
塩化銀	AgCl	-54.4	硝酸アンモニウム	NH_4NO_3	-25.7
塩化バリウム	$BaCl_2$	13.4	硫酸アンモニウム	$(NH_4)_2SO_4$	-6.6
塩化カルシウム	$CaCl_2$	81.8	エタノール	C_2H_5OH	10.5
硫酸銅	$CuSO_4$	73.1	エチレングリコール	$(CH_2OH)_2$	5.6
硝酸銀	$AgNO_3$	-22.6	酢酸	CH_3COOH	1.7
塩化水素 (気体)	HCl	74.9	シュウ酸	$(COOH)_2$	-2.1
臭化水素 (気体)	HBr	85.2	アセトアルデヒド	CH_3CHO	-18.4
ヨウ化水素 (気体)	HI	81.7	尿素	$(NH_2)_2CO$	-15.4
硫化水素 (気体)	H_2S	19.1	水酸化ナトリウム	NaOH	44.5
硫酸	H_2SO_4	95.3	アンモニア (気体)	NH_3	34.2
硝酸	HNO_3	33.3	塩化ナトリウム	NaCl	-3.9
リン酸	H_3PO_4	9.2	硫酸ナトリウム	Na_2SO_4	2.4
塩化カリウム	KCl	-17.2	塩化亜鉛	$ZnCl_2$	73.1
臭化カリウム	KBr	-20	メタノール	CH_3OH	7.3

表 2.6 強酸・強塩基の希薄溶液を用いた場合の中和熱 ($kJmol^{-1}$)

$HClaq + NaOHaq = NaCl + H_2O + 57.5 kJ/mol$
$HClaq + KOHaq = KCl + H_2O + 57.5 kJ/mol$
$HNO_3aq + NaOHaq = NaNO_3aq + H_2O + 57.2 kJ/mol$
$HNO_3aq + KOHaq = KNO_3aq + H_2O + 57.6 kJ/mol$
$HBraq + NaOHaq = NaBraq + H_2O + 57.5 kJ/mol$

2.2.3 熱力学第 1 法則とエンタルピー

熱力学第 1 法則 (first low of thermodynamics) は，日常経験するエネルギー現象を詳細に解析して得られた経験則である．その法則の内容は『孤立系の全内部エネルギーは一定である』というものであり，**エネルギー保存則**とも呼ばれる．すなわち，"外界とのエネルギーの出入りがない系におけるエネルギー量は一定である"ということである．主に熱力学では，閉鎖系における熱エネルギーと仕事エネルギーとの関係を扱うが，その例を以下に示す．

ある状態 1 の系が外界から熱量 q を受け取り，仕事 w がなされて状態 2 になった場合，その系の内部エネルギーは

$$\Delta U = q + w$$

だけ増加していることになる．ΔU は状態 2 と状態 1 のエネルギー差 ($U_2 - U_1$) を表している．このエネルギー差は内部エネルギーの増加分であり，それは系のたどった経路には依存しない．なお，内部エネルギーの絶対値を知ることは困難であり，通常熱力学においてはその変化分 ΔU を扱う．また，熱量・仕事量ともに，外界から系に入る場合を正，出る場合を負として区別する (**図 2.5**)．このように熱の出入りを明確にすることが，熱化学においては重要である．

ここで気体系の内部エネルギーについて考えてみよう．圧力が一定の場合，系に供給された熱量によって気体は膨張するが，その体積増加分を Δv とする．この場合の仕事量 w は，圧力を p とすると $w = p\Delta v$ となる．つまり，

$$\Delta U = q - p\Delta v$$

であり，これを変形して

$$q = \Delta U + p\Delta v$$

と表される．この式の右辺を参考にして $H = U + pv$ とすると，この H は**エンタルピー** (enthalpy) と呼ばれる物体系が有する全熱量を表すことになる．エンタルピーの変化量 ΔH は次の式で表されるが，

$$\Delta H = \Delta U + \Delta(pv)$$

これは状態 1 から状態 2 へ変化する際の熱量差を表している．つまり，この式から ΔH は等圧力下における吸熱量であり，ΔU は体積変化がない場合の吸熱量 q であることが理解できる．

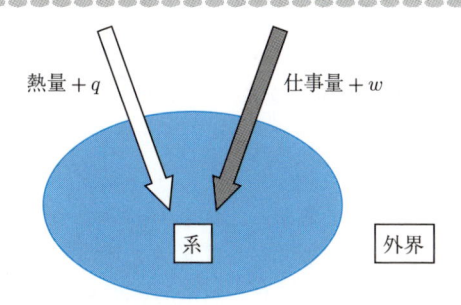

(a) 熱量・仕事ともに正の場合

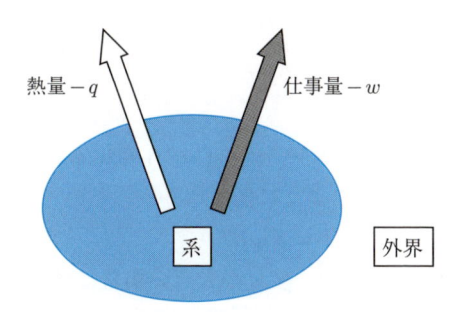

(b) 熱量・仕事ともに負の場合

図 2.5　系におけるエネルギーの符号

2.2.4 定容熱容量と定圧熱容量

系の内部エネルギーは温度を上げれば増加する．ある物体 1 モルの温度を $\Delta T°$ だけ上げるために熱量 $\Delta q(\mathrm{J/mol})$ が必要である場合，その系の熱容量 $C(J/K)$ は次のように表される．

$C = \Delta q / \Delta T$

熱容量は 1 モル当たりの値であるが，これを 1(g) 当たり，または 1(kg) 当たりの値で表した値が**比熱**と呼ばれる．

上式を，さらに温度・熱容量ともに無限小の変化と考えると次式が得られる．

$C = dq/dT$

ここで等温・等圧状態における一定体積の熱容量，つまり**定容熱容量** C_V を定義してみよう．等圧であれば系によって仕事がなされないことになるため，体積変化もなく，温度を dT だけ上げるために必要な微少熱量が dq_V であれば，C_V は次式によって与えられることになる．

$C_V = dq_V/dT$

また，微少熱量 dq_V は内部エネルギーの (微小) 変化分 dU に等しいはずであるから，その変化分 dU_V は次のように表される．

$dU_V = dq_V = dq_V/dT \times dT = C_V dT$

いまは微小変化を考えているが，変化が大きい場合にはこれを積分した次式を用いればよい．

$\Delta U_V = \int C_V dT$

ここで，**図 2.6** のように理想気体が状態 $1(T_1, v_1)$ から状態 $2(T_2, v_2)$ に変化した場合の内部エネルギー変化について考えてみよう．その変化であるが，まずは体積を変えずに温度だけを T_1 から T_2 に変化させて状態 1' とし，その後，温度を T_2 に保ったまま体積を変えて状態 2 に至ると考える．

まず，状態 1 から状態 1' への変化であるが，体積が一定の場合の内部エネルギー変化量 ΔU_1 は，上式を T_1 から T_2 まで積分した値に等しいはずであるから

$\Delta U_1 = \int_{T_1}^{T_2} C_V dT$

となる．また，状態 1' から状態 2 への変化に際して体積は変化しているが，温度は一定であり，その場合の内部エネルギー変化量 ΔU_2 は不変である．このため，状態 1 から状態 2 に変化した場合の系の内部エネルギー変化量 ΔU は

$\Delta U = \Delta U_1 + \Delta U_2 = \int_{T_1}^{T_2} C_V dT$

2.2 熱力学の基本法則　　33

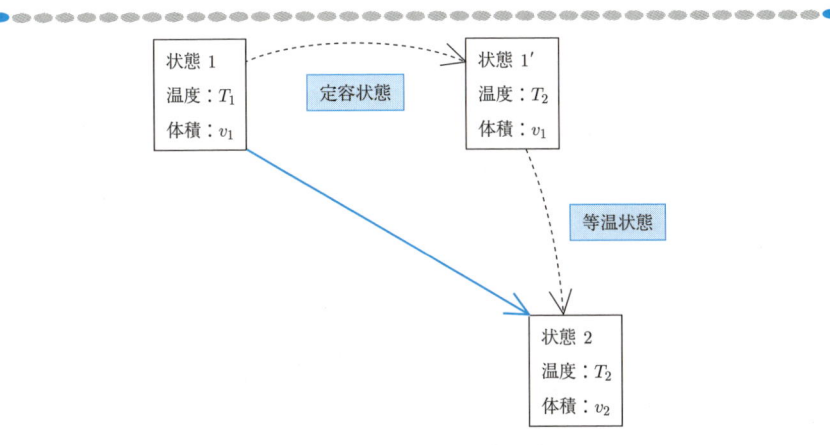

図 2.6　理想気体の状態変化

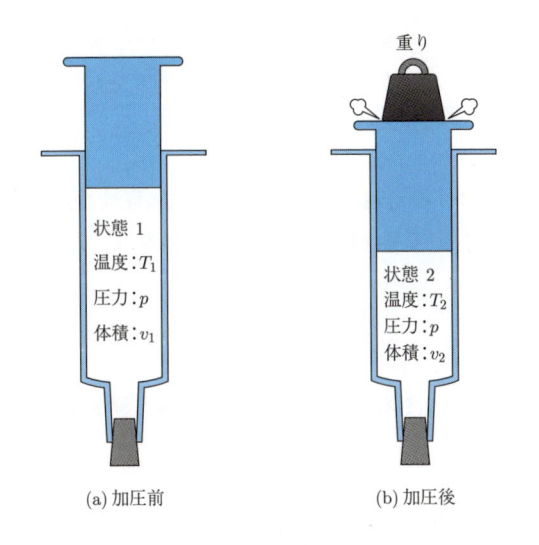

状態1（温度：T_1，体積：v_1）→【定容状態】→ 状態1'（温度：T_2，体積：v_1）

状態1 →状態2（温度：T_2，体積：v_2）

状態1' →【等温状態】→ 状態2

(a) 加圧前　　(b) 加圧後

状態 1 と状態 2 の圧力が等しい場合には，$v_1/T_1=v_2/T_2$ となって系内の圧力が一定に保たれる．つまり，この場合は $T_1>T_2$，$v_1>v_2$ となるはずであり，体積・温度ともに低下して圧力一定の状態が保持される．

図 2.7　理想気体の定圧状態変化

となる．熱力学第1法則を考慮すると，こうして求めた ΔU は工程によって変化しないため，上式は理想気体の汎用式として利用できる．

一方，実験室における実験は大気圧下で行われると考えてよいであろう．つまり，そのときの気圧が系の圧力となる．ここで一定圧力下における状態変化の例として，先端を閉じて空気を封入した大きな注射器の上に，ある質量の重りを乗せた場合を考えてみよう．その様子を**図 2.7** に示すが，系内の圧力が一定であれば，体積と温度が変化することになる．状態1に重りを乗せると体積は減少し，かつ温度が低下した状態2になり，状態1と同じ圧力になるまでピストンは下がることになる．このような一定圧力下における熱容量である**定圧熱容量** C_P は，定容熱容量 C_V と同様，次式のように定義される．

$C_P = dq_P/dT$

C_P は，体積変化だけが起こる場合に温度を dT だけ上げるために要する熱量である．一方エンタルピーの定義から，一定圧力下における反応においては吸収される熱量 (Δq_P) とエンタルピー変化 (ΔH_P) は等しいため，

$\Delta q_P = \int (dq_P/dT)dT = \int C_P dT = \Delta H_P$

となる．

次に，理想気体における定容熱容量 C_V と定圧熱容量 C_P，および内部エネルギー変化との関係について考えてみよう．定容熱容量，定圧熱容量は次のように表される．

$dU = C_V dT$

$dH = C_P dT$

また $dH = dU + d(PV)$ であり，理想気体の状態方程式 $PV = nRT$ を考慮すると，

$dH = dU + nRdT$

となる．これに定容熱容量と定容熱容量の関係を入れると

$C_P dT = C_V dT + nRdT = (C_V + nR)dT$

となり，理想気体1モルの場合には次式が成り立つ．

$C_P = C_V + R$

つまり，1モルの理想気体における C_P と C_V の差は8.31Jである．主な物質の定容熱容量 C_V，および定圧熱容量 C_P の値を**表 2.7** に示す．

2.2 熱力学の基本法則

表 2.7 主な物質の熱容量

	$C_v/(\mathrm{JK^{-1}mol^{-1}})$	$C_p/(\mathrm{JK^{-1}mol^{-1}})$
気体		
He,Ne,Ar,Kr,Xe	12.48	20.79
H_2	20.44	28.82
N_2	20.74	29.12
O_2	20.95	29.36
CO_2	28.46	37.11
液体		
H_2O		75.29
CH_3OH		81.6
C_2H_5OH		111.5
CH_4		35.31
C_2H_2		43.93
C_2H_4		43.56
C_2H_6		52.63
C_3H_8		73.50
C_4H_{10}		97.45
C_6H_6		136.1
固体		
Al		24.35
C(ダイヤモンド)		6.11
C(グラファイト)		8.53
Ca		25.31
Cr		23.35
Cu		244.4
Fe		25.1
Pb		26.44
Li		24.77
Na		28.24
S		22.64
SiO_2		44.4

2.2.5 等温変化と断熱変化

等温変化

理想気体における膨張について考えよう．等温・等圧下において系の体積が v_1 から v_2 へ増大するのであるから，このときの仕事量 w は

$$w = \int_{V_1}^{V_2} p dV$$

となる．1モルの理想気体について考えれば，$p = RT/v$ であるから，

$$w = \int_{V_1}^{V_2} (RT/v) dv = RT \ln_{V_2/VS_1}$$

となり，体積膨張に利用した熱量分の内部エネルギーが減少することになる．この場合の変数とその考え方を図 **2.8** に示す．

断熱変化

断熱 (adiabatic) とは，対象とする系を外界から完全に遮断し，系の熱の出入りを考慮する必要がない状態をいう．実験的には系全体を断熱材で覆うか，ジュワー瓶を用いることになる．断熱状態では熱の出入りがないのであるから $dq = 0$ であり，系になされた仕事量 dw は内部エネルギーの増加分 dU に等しい．

$$dU = dw$$

逆に考えると，外界に dw だけ仕事がなされると内部エネルギーは dU だけ減ることになる．この断熱過程について，理想気体の膨張を例として考えてみよう．

系が外界に行う仕事量は $dw = pdv$ であり，その場合の内部エネルギーは $dU = C_V dT$ だけ減少することになるから，

$$C_V dT = -P dv$$

と表される．ここで理想気体の状態方程式を用いて p を消去すると

$$(C_V/T) dT + (nR/v) dv = 0$$

となる．C_V はほぼ一定であるから，状態 $1(T_1, v_1)$ から状態 $2(T_2, v_2)$ まで積分し，

$$C_V \ln(T_2/T_1) + nR \ln(v_2/v_1) = 0$$

が得られる．ここで再度，状態方程式を用いて温度項を消去すると

$$C_V \ln((p_2 V_2/nR)/(p_1 V_1/nR)) + nR \ln(v_2/v_1) =$$
$$C_V \ln(p_2/p_1) + (C_V + nR) \ln(v_2/v_1) = C_V \ln(p_2/p_1) + (C_P) \ln(v_2/v_1) = 0$$

となり，この式を指数形に変形して $\gamma = C_P/C_V$ とおくと，

$$p_n \cdot v_n^\gamma = 一定$$

の関係が得られる．これに対して，等温変化の場合に圧力と体積の間に成り立つ関係はもちろん，"$pv = 一定$" である．

2.2 熱力学の基本法則

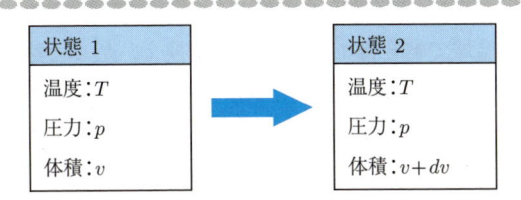

状態 1		状態 2
温度：T	→	温度：T
圧力：p		圧力：p
体積：v		体積：$v+dv$

等温変化の考え方

1. 状態1から状態2になって変化するのは体積だけ（dvだけ増えた）．
2. 外界からの熱量の出入りがないため，$dq=0$．
3. 気体自身が膨張するのであり，仕事量 pdv は負の値であるはず．
4. $dU=dq+dw$ に以上の条件を加えると $dU=-pdv$．
5. つまり，温度・圧力は変化しない場合，内部エネルギーは減少する．

図 **2.8** 等温変化の様子

2.2.6 カルノーサイクルと熱力学第2法則

カルノー (Carnot) は高温域で熱を得てそれを仕事に換え，余った熱を低温域に捨てることによって動く理想的なエンジンについて検討し，1824年，可逆的な工程からなる一連のサイクル (**カルノーサイクル**) を考案した．図 **2.9** は理想気体に関するカルノーサイクルであり，次の4つの工程からなっている．

工程1：等温膨張 (温度 T_2 において (p_1, v_1) から (p_2, v_2) に変化)
工程2：断熱膨張 ((p_2, v_2) から (p_3, v_3) に変化し，温度が T_1 になる)
工程3：等温圧縮 (温度 T_1 において (p_3, v_3) から (p_4, v_4) に変化)
工程4：断熱圧縮 ((p_4, v_4) から (p_1, v_1) に，また温度も T_2 に戻る)

これら4つの工程における仕事量をそれぞれ w_1, w_2, w_3, w_4 とすると，それらは次のように表される．

$w_1 = RT_2 \ln(v_2/v_1)$
$w_2 = C_V(T_2 - T_1)$
$w_3 = RT_1 \ln(v_4/v_3)$
$w_4 = C_V(T_1 - T_2)$

このときの全仕事 w は

$$w = w_1 + w_2 + w_3 + w_4$$
$$= RT_2 \ln(v_2/v_1) + C_V(T_2 - T_1) + RT_1 \ln(v_4/v_3) + C_V(T_1 - T_2)$$
$$= RT_2 \ln(v_2/v_1) + RT_1 \ln(v_4/v_3)$$

となり，この式に前節で得られた断熱工程における圧力 p と体積 v の間に成り立つ "$p_n \cdot v_n^\gamma = $ 一定" の関係式と理想気体の状態方程式を考慮すると

$$T_n \cdot v_n^{1-\gamma} = \text{一定}, \quad T_n/v_n^{1-\gamma} = \text{一定}$$

が得られる．これを工程1, 3に用いると，

$$v_1/v_2 = v_4/v_3$$

であることから，全仕事量は次の式で与えられることになる．

$$w = R(T_2 - T_1) \ln(v_2/v_1)$$

ここで $T_2 > T_1$，かつ $v_2 > v_1$ であることから w は正の値になり，このサイクルによって気体は外界によって仕事をされたことになる．

ここで吸収した熱量によってどの程度の仕事がなされるのかについて考察しよう．図 **2.9** のサイクルにおいて，工程1で熱量を得，工程3で仕事をしていることになる．熱機関の効率 e は "吸収した熱量が仕事に変換した割合" であり，

2.2 熱力学の基本法則

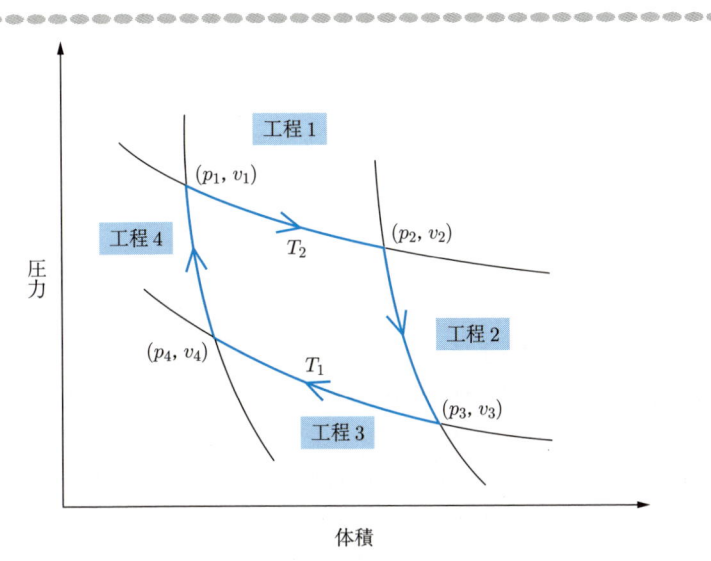

図 2.9 カルノーサイクルの工程

このサイクルにおいては，工程 1 で吸収した熱量 w_1 によって全サイクルの仕事を行うわけであるから，その場合の e は

$$e = w/w_1 = R(T_2 - T_1)\ln(v_2/v_1)/RT_2\ln(v_2/v_1) = (T_2 - T_1)/T_2$$

と表される．つまり，熱機関の効率は物質の性質には関係せず，熱機関の温度差だけで決まることになる．これが『熱機関の効率は常に 1 以下である』というカルノーの定理である．

図 2.10 に高温部と低温部を利用して動く熱機関 (エンジンと考えればよい) を示す．高温部から熱を得て仕事をし，仕事以外の熱は低温部に廃棄する．このようなエンジンの効率を上げるための方法としては廃棄される熱を減らす以外に方法がないことは理解しやすいであろう．また図 2.11 は，高温部から熱を得るばかりで，低温部に熱を廃棄しないエンジンを描いたものである．このエンジンは熱を廃棄しないために低温部が不要であり，地球上にあるすべての熱エネルギーを永久に利用できることになる．たとえば，海に浮かぶ船であれば燃料を積むことなく，海水からエネルギーを取り出して航海し続けるはずである．また飛行機であれば，空気から熱を取りだして飛行を続ける．このような，熱源から取り出された熱量をそのまま等温的なエネルギーに換えることができる熱機関を**第二種永久機関**と呼ぶのに対して，循環工程によって仕事をする機関は**第一種永久機関**と呼ばれる．前者のように，周囲からの熱によって永久にエネルギーを取り出すことができる機関が存在し得ないことは熱力学第 1 法則からも自明である．

それでは，如何なる状況であれば永久機関が可能になるのであろうか．熱機関の効率の式からは，$T_1=0[\text{K}]$ であれば可逆サイクルは可能であることになる．しかし，絶対零度 (0K) は自然界に存在する最低温度であり，この温度においては，物体は全く動かなくなる．つまり，可逆サイクルは現実には不可能であり，可能な限り効率を良くするための現実的な手段は，『作動温度をできるだけ高くする』ことしかないことが理解できる．

以上説明したように，『第二種の永久機関は不可能である』こと自体が**熱力学第 2 法則** (second law of thermodynamics) であり，別の言い方をすると『吸収した熱量と同量の仕事をする装置を作ることは不可能である』ということになる．

2.2 熱力学の基本法則

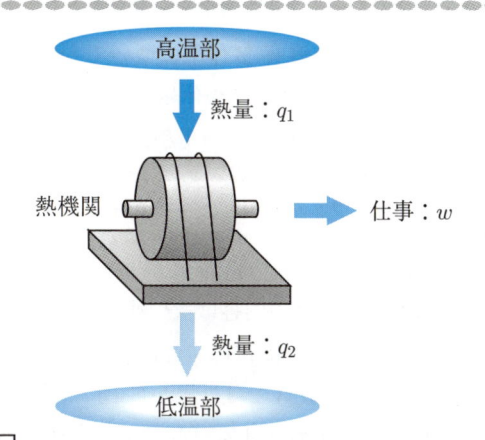

機関の説明

$q_1 - q_2 = U + w$ (U：内部エネルギー（機械的ロス部分を含む））

図 2.10　現実的な熱機関

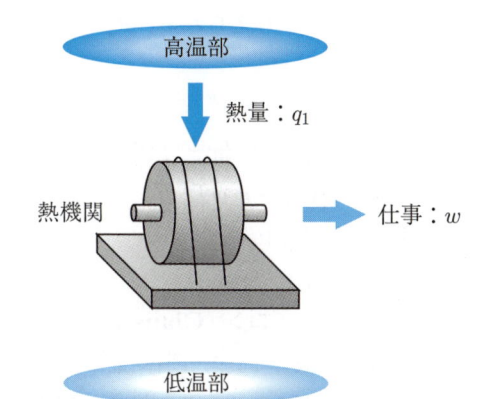

機関の説明

$q_1 = U + w$ において $q = 0$ であるから，仕事をする場合には内部エネルギーが減り続けなければならない．

図 2.11　低温部を利用しない熱機関

2.2.7 クラウジウス・クラペイロンの式

前項と同様のサイクルを溶液-気体系についても考えてみよう．液体 1g の温度 T における体積を v_ℓ，同温蒸気の体積を v_g とする．このサイクルの概要を図 **2.12** に示すが，これは次の 4 つの工程からなっている．

工程 1：等温等圧膨張 (温度 T において v_ℓ が v_g に変化)
工程 2：断熱膨張 (p が $p-dp$，v_g が v_g+dv_g に，また温度 T は $T-dT$ に変化)
工程 3：等温等圧圧縮 (温度 $T-dT$ において v_g+dv_g が $v_\ell+dv_\ell$ に変化)
工程 4：断熱圧縮 ($p-dp$ が p，$v_\ell+dv_\ell$ が v_ℓ に，また温度 $T-dT$ が T に変化)

それぞれの工程における仕事の内容は次の通りである．

工程 1 では膨張によって外界に $p(v_g-v_\ell)$ の仕事をし，工程 2 では外界に $C_V dT$ の仕事をする．さらに，工程 3 では外界から $(p-dP)[(v_g+dv_g)-(v_\ell+dv_\ell)]$ の仕事が与えられ，工程 4 では外界から $C_\ell dT$ の仕事が与えられる．つまりこのサイクルにおける全体の仕事 dw は

$$dw = p(v_g - v_l) + C_V dT - (p-dp)[(v_g+dv_g)-(v_\ell+dv_\ell)] - C_\ell dT$$

であり，ここで dT は微少の変化であるから $C_\ell dT \fallingdotseq C_\ell dT$ であり，また $(dv_g - dv_l)$ も極めて小さいと考えられる．そのため，結局 dw は次式で与えられることになる．

$$dw = (v_g - v_l)dp$$

ここで液体の蒸発熱を L とすると $dw = LdT/T$ であることから，

$$dT/T = (v_g - v_l)dp = \{(v_g - v_l)/L\}dp$$

となり，最終的には次式が得られる．

$$dp/dT = L/\{(v_g - v_l) \cdot T\}$$

これが**クラウジウス・クラペイロン (Clausius-Clapeyron)** の式であり，液体-気体の場合だけでなく，液体-固体，固体-気体，気体-固体の状態変化すべてに用いることができる一般式である．この式を，理想気体の状態方程式を考慮して解き進むと次式が得られる．

$$\ln(p_1/p_2) = L/R \times (1/T_1 - 1/T_2)$$

この式においては，1 モル当たりの蒸発熱を L，T_1，および T_2 における蒸気圧をそれぞれ p_1，p_2 と考えればよい．

2.2 熱力学の基本法則

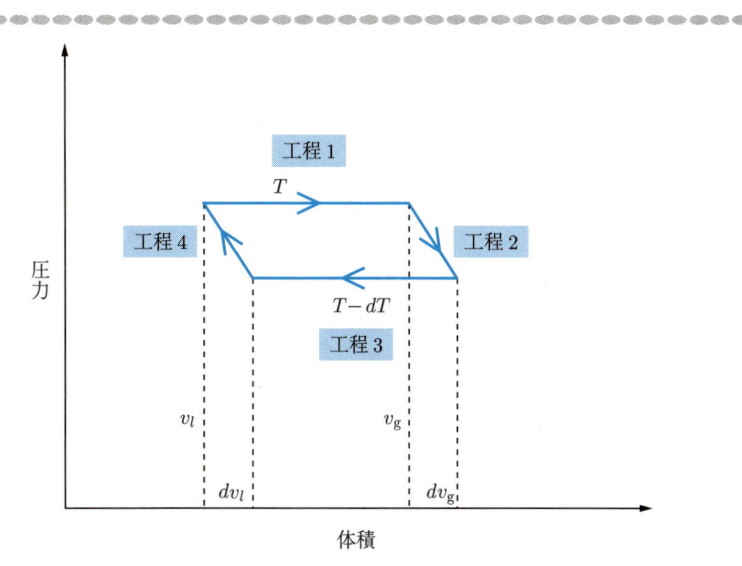

図 2.12　溶液-気体系サイクル

2.2.8 エントロピー

温度 T である系が熱量 q を吸収したとき，その状態は何らかの変化をする．このとき，

$$\Delta S = q/T$$

を定義し，これを**エントロピー変化**と呼ぶ．その変化分が微少である場合は，もちろん $dS = dq/T$ となる．ここで，温度 T_1 において熱量 q_1 を吸収し，温度 T_2 において熱量 q_2 を発生する (吸収が +，発生は − になる) サイクルを考える ($T_2 > T_1$)．このサイクルのエントロピー変化 ΔS は

$$\Delta S = q_1/T_1 - q_2/T_2$$

で表され，このサイクルが可逆的であるならば状態が変化しないわけであるから，この場合のエントロピー変化 ΔS もゼロであり，次式が得られる．

$$\Delta S = Q_1/T_1 - Q_2/T_2 = 0$$

一方，温度 T_1 の状態 1 から可逆的に温度 T_2 の状態 2 になったものが，状態 2 から不可逆的に状態 1 になるサイクルを考える．この場合にはもちろん $T_2 > T_1$ であるから，

$$\Delta S = q_1/T_1 - q_2/T_2 > 0$$

となる．**図 2.13** に，左側から右側に q だけ熱量が移動した場合の様子を示す．つまり，この場合にはエントロピー変化 ΔS が正の値となり，これは不可逆反応であることを意味している．以下に理想気体を例として，エントロピーについて考えてみよう．

等温状態における場合

定温下における反応であれば，$\Delta U = q - P\Delta v$，かつ $\Delta S = q/T$ であることから

$$\Delta U = T\Delta S - P\Delta v$$

であり，ここで微少変化について考慮すると上式は

$$dU = TdS - Pdv$$

となる．等温である場合は $dU=0$ であるため，

$$dS = Pdv/T$$

となる．ここで理想気体の状態方程式を考慮すると

$$dS = nRdv/v$$

となり，さらに等温的に v_1 から v_2 に膨張したとして積分すると

$$\Delta S = nR\int dv/v = nR\ln(v_2/v_1) = nR\ln(p_1/p_2)$$

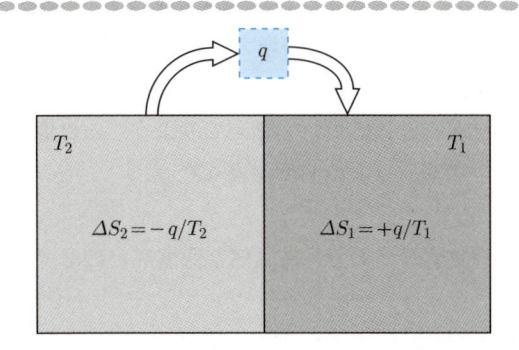

$T_2 > T_1$ であるため，全エントロピー変化 ΔS は
$$\Delta S = -q/T_2 + q/T_1 > 0$$

図 2.13 不可逆過程におけるエントロピー増加の様子

となる.つまり,(v_2/v_1) と (p_2/p_1) はいずれも 1 以上であるため,等温的に気体が膨張する場合にはエントロピーが増大する.

定容状態における場合

次に体積が一定である場合について考えてみよう.この場合は,系内に入る熱量 Δq と温度 T との間には次の関係が成り立つ.

$\Delta S = q/T = C_V \Delta T/T$

ここで C_V は定容熱容量であり,高温部と低温部との温度差 dT は極めて小さいため,

$\Delta S = \int C_V dT/T$

となる.ここで C_V は温度によらずほとんど一定であると考えられることから,

$\Delta S = C_V \ln T_2/T_1$

となり,この場合も温度が上がるとエントロピーは増えることになる.

定圧状態における場合

さらに,圧力一定の場合についても同様に考えると次式が得られる.

$\Delta = C_P \ln T_2/T_1$

ここで C_P は系の定圧熱容量であり,圧力が一定の場合もエントロピーは増加することが理解できる.

以上は状態が変わらない場合についての説明であるが,次に物質の状態が変化する場合 (固体・液体・気体間の転移) について,温度を一定として考えてみよう.

状態間の転移に伴うエンタルピー $\Delta H_{転移}$ は,固体が融解する場合と昇華する場合,また液体が気化する場合の 3 通りの場合に正の値となり,ΔS は増加する.図 2.14 は,同じ原子から成る固体と液体,さらに気体における原子間隔はこの順に大きくなるとともに,その配列が乱れてくる様子が描かれている.つまり,エントロピーは状態の乱雑さを表す指標であることが容易に理解できるであろう.

2.2 熱力学の基本法則

固体　　　　　　液体　　　　　　気体

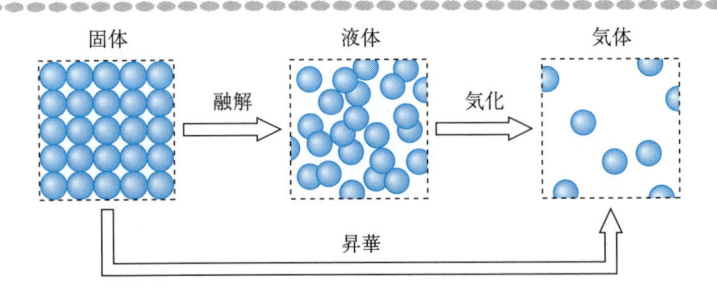

融解　　　　　気化

昇華

この図は，3次元的に分布する3種類の状態（固体，液体，気体）中に同寸の正方形の平面を考え，その平面が切る粒子（原子や分子）を描いたものである．

図 **2.14**　状態変化の様子

2.2.9 熱力学第3法則

これまでの説明からも分かるように，エントロピーは状態間の変化量を知ることができる便利な考え方であるが，その絶対値を知ることはできない．そこでプランク (**Planck**) は『絶対零度のエントロピーを0とする』ことを提案した．これが**熱力学第3法則** (third law of thermodynamics) と呼ばれるものであり，絶対零度付近で物質はすべて固体と考えられ，そのエントロピー変化は極めて小さいはずであることが容易に想像できることからも，この法則は納得できるものであろう．また，プランクの考え方は多くの実験結果からも支持されている．

この法則によれば，すべての物質のエントロピーは正の値を持っていることになる．さらに，25°C, 1atm の値を標準エントロピー S^0 と定めており，その一例を表 **2.8** に示す．なお，固体における絶対零度から融点以下の任意の温度 T[K] までの定圧変化におけるエントロピー変化 ΔS は，

$$\Delta S = S - S^0 = \int_0^T C_P dT/T$$

と表され，任意の温度 T[K] におけるエントロピー S が求められることになる．多くの実験結果から，固体反応におけるエントロピー変化 ΔS は極めて小さいことが明らかになっている．そこでネルンスト (**Nernst**) は，『絶対零度において純粋な固体，または液体のエントロピーは定圧熱容量に等しい』と考えた．この結果，物質のエントロピーはすべて正の値として与えられることに加えて，熱容量を利用してエントロピーの値を求めることが可能になった．

たとえば，液体のエントロピーを求める場合には，融点 (Tm) における融解熱 H_f を考慮した次式によって計算が可能である．

$$S = \int_0^{Tm} C_P dT/T + \Delta H_f/Tm + \int_{Tm}^{T} C_P dT/T$$

さらに物質が気体の場合には，沸点 (Tb) における蒸発熱 ΔH_V と対象とする温度まで気体が得る熱量を考慮しなければならないが，これらの値を上の式に加えることによって気体のエントロピーも求められる．

$$S = \int_0^{Tm} C_P(s) dT/T + \Delta H_f/Tm + \int_{Tm}^{Tb} C_P(l) dT/T$$
$$+ \Delta H_V/Tb + \int_{Tb}^{T} C_P(g) dT/T$$

なお，固体の結晶構造が温度によって変わる場合には，その転移温度におけるエントロピー分を考慮しなければならないのはもちろんである．

表 2.8 標準エントロピー S^0 (JK^{-1}mol^{-1}, 25°C)

固体		液体		気体	
Ag	42.68	Br_2	152.2	Ar	154.8
Al	28.33	CH_3OH	126.8	CH_4	186.2
Au	47.40	CH_3COOH	159.8	C_2H_6	229.5
C(グラファイト)	5.73	C_2H_5OH	160.7	C_3H_8	269.9
C(ダイヤモンド)	2.51	C_6H_6	173.3	C_6H_6	173.3
$CaCO_3$	92.9	Hg	76.2	Cl_2	223.0
CaO	39.7	HNO_3	155.6	CO	197.9
Cu	33.1	H_2O	69.9	CO_2	213.8
Fe_2O_3	90.0			H_2	130.6
MgO	26.94			He	126.0
I_2	116.1			HCl	186.2
S(斜方)	31.9			Fe	202.8
S(単斜)	32.6			N_2	192.1
Zn	41.6			NH_3	192.3
				O_2	205.0

2.3 化学平衡

2.3.1 質量作用の法則

物質 A, B が作用して物質 C, D が生成する化学反応は次のように表される.

$$A + B \rightarrow C + D \tag{2.1}$$

(2.1) 式は原系 (A, B) から生成系 (C, D) ができる反応であるが，逆に生成系から原系に到る反応については，次の (2.2) 式のように表される.

$$C + D \rightarrow A + B \tag{2.2}$$

要するに，物質 A, B から物質 C, D が生成するのと同時に，物質 C, D から物質 A, B が生成する場合である．このように (2.1) 式と (2.2) 式が同時に起こっている場合の反応が可逆反応であり，それは次の (2.3) 式のように表される．

$$A + B \rightleftarrows C + D \tag{2.3}$$

なお，(2.3) 式の反応においても，たとえば生成物である C や D のいずれか一方，またはこれら両方を同時に系外に取り出す場合，A, B は常に消費されることになり，その場合は不可逆反応として扱われる．

化学反応の速度は，温度，圧力，濃度，また触媒の有無によって大きく異なる．一般的には**反応速度**を単位体積中の物質の変化量として表すことになっており，反応速度と濃度との間には古くから次のような関係のあることが知られている．

『化学反応の速度はその反応に関与する物質の濃度の相乗積に比例する』

(化学反応の速度に関する定義を**表 2.9** に，その測定法を**図 2.15** に示す)

これが**質量作用の法則**であり，たとえば A, B それぞれの反応時のモル濃度を C_A, C_B とすると (2.1) 式における反応速度は次の (2.4) 式で与えられる．

$$v = k C_A C_B \tag{2.4}$$

ただし，k は温度のみに依存する定数である．

2.3 化学平衡

表 2.9 反応速度の表し方

| 化学反応の速度： | 反応物，または生成物の濃度変化の時間変化に対する比率 (単位：mol/dm^3/sec) |

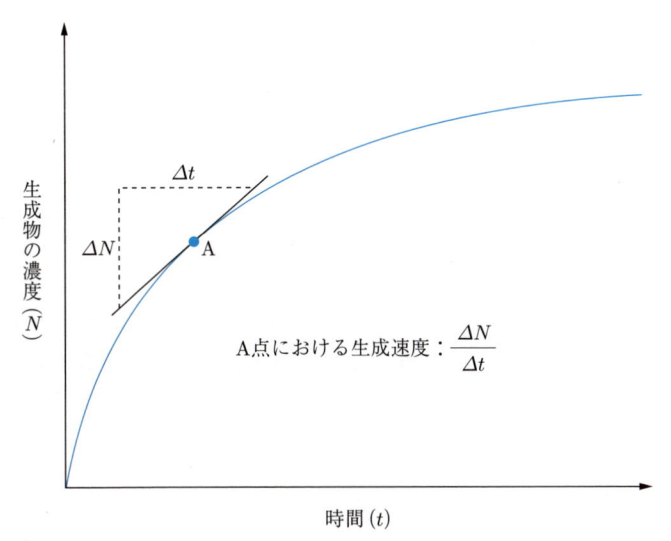

A点における生成速度：$\dfrac{\Delta N}{\Delta t}$

図 2.15 反応速度の求め方

2.3.2 平衡定数

前項で示された可逆反応 (2.3) 式の反応速度について考える．ただし，A，B から C，D が生成する反応を**正反応**，C，D から A，B が生成する反応を**逆反応**とする．このとき，正の反応速度 (v_1) と逆の反応速度 (v_2) はそれぞれ

$$v_1 = k_1 C_A C_B, v_2 = k_2 C_C C_D$$

と表される．(2.3) 式は**可逆反応**であるから $v_1 = v_2$ であり，反応は止まったようにみえるが，実際は正逆反応が同じ速度で進行していることを忘れてはならない．これが化学平衡状態であり，$v_1 = v_2$ であることから，次の (2.5) 式で示される関係が成り立つ．

$$\frac{C_C C_D}{C_A C_B} = \frac{k_1}{k_2} = K_C \tag{2.5}$$

温度が一定の場合に K_C は定数となり，これは平衡定数と呼ばれる．可逆的な化学反応式を (2.6) 式のような一般式で表すと，その平衡定数は (2.7) 式で表される．

$$n_1 A + n_2 B + \cdots = m_1 C + m_2 D + \tag{2.6}$$

$$\frac{C_C{}^{m_1} C_D{}^{m_2}}{C_A{}^{n_1} C_B{}^{n_2}} = K_C \cdots \tag{2.7}$$

平衡定数の例としてアンモニアの合成反応 (p.74 参照) に関する平衡濃度，およびそれら濃度を用いて表される質量作用の式の値を**表 2.10** に示す．この表の値から，平衡反応においては，質量作用の法則が成り立っていることが確認できる．また，気体だけしか関与しない反応を考える場合，濃度 (C) として用いる値はモル濃度ではなく，気体の分圧を用いることになる．そのため，混合気体を構成する気体それぞれの分圧を $p_A, p_B, \cdots, p_C, p_D, \cdots$ とすると，平衡状態にある混合気体の平衡定数 K_p は (2.8) 式で表される．

$$\frac{p_C{}^{m_1} p_D{}^{m_2}}{p_A{}^{n_1} p_B{}^{n_2}} = K_p \tag{2.8}$$

また，理想気体の場合には $pv=RT$ (p：圧力，v：気体 1 モルの体積，R：気体定数，T：絶対温度) が成り立つことに加えて，濃度 C は 1ℓ 当たりのモル数で与えられることから $1/v = C$ となり，

$$K_p = (C_C RT)^{m_1} (C_D RT)^{m_2} \cdots / ((C_A RT)^{n_1} (C_B RT)^{n_2} \cdots)$$
$$= K_C (RT)^{(m_1 + m_2 + \cdots) - (n_1 + n_2 + \cdots)} \tag{2.9}$$

表 2.10 アンモニアの合成反応における平衡濃度 [mol/ℓ] と平衡定数

$[H_2]$	$[N_2]$	$[NH_3]$	Kc
0.500	1.00	8.66×10^{-2}	6.00×10^{-2}
1.35	1.15	4.12×10^{-1}	6.00×10^{-2}
2.43	1.85	1.27	6.00×10^{-2}
1.47	0.750	3.76×10^{-1}	6.00×10^{-2}
—	—	—	6.00×10^{-2} (平均値)

また，混合気体の分圧はモル分率に比例するため，(2.8) 式の左辺は (2.10) 式になり，これを K_X とする．

$$\frac{X_C{}^{m_1} X_D{}^{m_2} \cdots\cdots}{X_A{}^{n_1} X_B{}^{n_2} \cdots\cdots} = K_X \tag{2.10}$$

ここで混合気体の分圧を p とすると $X = p/P$(全圧) であり，これを (2.9) 式に代入すると (2.11) 式，

$$K_X = K_p P^{(m_1+m_2+\cdots)-(n_1+n_2+\cdots)} \tag{2.11}$$

つまり，K_p，K_c，K_x の間には次の相互関係が成立する．

$$\begin{aligned} K_p &= K_c(RT)^{(n_1+n_2+\cdots)-(m_1+m_2+\cdots)} \\ &= K_x P^{(n_1+n_2+\cdots)-(m_1+m_2+\cdots)} \end{aligned} \tag{2.12}$$

特に，反応によって原系と生成系のモル数に変化がない場合には

$$K_p = K_c = K_x$$

である．ただし，いずれの K の値も温度や圧力が変われば変化するのは当然であり，上記の関係は理想気体，理想溶液についてのみ，成り立つ関係である．ただし，濃度が希薄である溶液や低圧下の気体には適用が可能である．

なお，系に固体が含まれている場合には，固体の濃度を無視しても構わない．たとえば，炭酸カルシウムの分解反応を考えてみよう．

$$\mathrm{CaCO_3} \rightleftarrows \mathrm{CaO} + \mathrm{CO_2}$$

この反応における平衡定数 K は次のように表される．

$$[\mathrm{CaO}][\mathrm{CO_2}]/[\mathrm{CaCO_3}] = K$$

$\mathrm{CaCO_3}$ と CaO は固体であるが，$\mathrm{CO_2}$ が気体であるためにこれらの固体についても分圧を考えることになる．その場合，固体の分圧は飽和蒸気圧以下であり，その飽和蒸気圧も気体の分圧に比べると極めて小さいはずである．したがってそれらの濃度は無視できることになり，K は $\mathrm{CO_2}$ の分圧だけで決まることになる．

$$[\mathrm{CO_2}] = K$$

表 **2.11** に，平衡定数と濃度の関係を示す一例として，難溶性物質である AgCl の溶解性に関して説明した．

2.3 化学平衡

表 2.11 AgCl の溶解性について

次の化学反応は塩素の存在を確認するために利用する化学反応である．

$$Ag^+ + Cl^- \rightarrow AgCl$$

硝酸銀水溶液をある水溶液に滴下して，白濁すると塩素イオンが存在していることになる．この反応の 25°C おける平衡定数は $1.78 \times 10^{-10} [\text{mol}^2/\ell^2]$ であり，その平衡定数は溶解度積として古くから知られている．つまり，AgCl は全く水に溶解しないのではなく，微量ではあるが溶解していることになる．それではどの程度の量が溶解しているのであろうか．ここでは 1ℓ の AgCl 飽和水溶液中に溶解する AgCl の質量を求めてみよう．

まず，この反応の 25°C における平衡定数であるから，

$$[Ag^+][Cl^-] = 1.78 \times 10^{-10}$$

であり，また溶液中に溶けている $[Ag^+]$ と $[Cl^-]$ の濃度は等しいはずである．つまり，

$$[Ag^+] = [Cl^-]$$

でありことを考慮すると，

$$[Ag^+] = [Cl^-] = 1.33 \times 10^{-5} [\text{mol}/\ell]$$

となる．水溶液中に溶けている AgCl の量は $[Ag^+]$ や $[Cl^-]$ と同じはずであり，またその分子量は 143.5 であることから，AgCl 飽和水溶液中に溶解している塩化銀の質量は

$$143.5 \times 1.33 \times 10^{-5} = 1.75 \times 10^{-3} [\text{g}]$$

と求められる．

2.3.3 ギブズとヘルムホルツの自由エネルギー

エントロピー変化 ΔS は，温度 T においてある系が熱量 q を吸収したときの値を用いて $\Delta S = q/T$ で表されることは前節で説明した．ここでは等温等圧変化について考えてみよう．

孤立系において自発的変化が起こると，必ずエントロピーは増加する．すなわち，吸収された熱量 ΔH と $T\Delta S$ が等しい場合の可逆反応以外においては，ΔH と $T\Delta S$ の差が問題になる．そこで次式のような関数を定義し，この G をギブズの**自由エネルギー**と呼ぶ．

$$G = H - TS$$

等温である場合に上式を微分すると次式が得られる．

$$\Delta G = \Delta H - T\Delta S$$

可逆反応の場合には $\Delta G = 0$ であり，$\Delta H = T\Delta S$ となる．
等温等圧状態におけるエントロピー変化は次の通りであり，これが可逆反応であるならば

$$\Delta H = \Delta U + T\Delta S = q + w + p\Delta v$$

となり，$q = T\Delta S$ であるから，

$$\Delta H = T\Delta S + w + p\Delta v$$

となる．つまり，

$$\Delta G = \Delta H - T\Delta S = w + p\Delta v$$

と表される．

一方，自由エネルギーには**ヘルムホルツの自由エネルギー**もあり，これは定容反応の場合に用いられる直であり，次のように定義されている．

$$F = U - TS$$

一般には定圧下における反応を扱うことが多く，通常はギブズの自由エネルギーを用いることが多い．**表 2.12** に熱力学において重要な物理量である 6 種のエネルギーをその定義とともにまとめて示す．この表からも，自由エネルギーと呼ばれる値は 1 つではなく，その区別が難しいことに戸惑いを覚えるかもしれない．ただ，何の断りもなく自由エネルギーという言葉を用いてある場合には，例外なく，ギブズの自由エネルギーを指していると考えて差し支えない．

表 2.12 熱力学における主なエネルギー

エネルギーの名称	定義
内部エネルギー	U
エンタルピー	$H = U + PV$
ヘルムホルツの自由エネルギー	$F = U - TS$
ギブズの自由エネルギー	$G = H - TS$
気体の自由エネルギー *	$\mu = \mu^0 + RT\ln p$
標準生成自由エネルギー	$\Delta G =$ (生成系のμ − 原系のμ)

* 『化学ポテンシャル』とも呼ばれるが,これについては 2.3.5 項で解説する.

2.3.4 ギブズ・ヘルムホルツの式

前節で示したようにヘルムホルツの自由エネルギーとギブズの自由エネルギーは次の式で与えられる．

$F = U - TS$

$G = H - TS = U - TS + pv$

ここで F，および G の微小変化 ΔF，および ΔG は

$\Delta F = \Delta U - \Delta(TS)$

$\Delta G = \Delta U - \Delta(TS) + \Delta(pv) = \Delta U - T\Delta S - S\Delta T + p\Delta v + v\Delta p$

となる．この変化が可逆的であり，吸収する熱量によって等圧下で仕事が行われる場合には，

$dq = TdS = dU + pdv$

であるから，ΔF と ΔG はそれぞれ

$\Delta F = -pdv - SdT$

$\Delta G = vdp - SdT$

となる．ここで ΔG について考えれば，等温変化の場合には $dT=0$ で

$(\Delta G/\Delta p)_T = v$

となり，これを積分すると $\int dG = \int vdp = RT\ln p_2/p_1$ が得られる．

また，定圧変化の場合には $dp=0$ であるから，

$(\Delta G/\Delta T)p = -S$

である．定容変化による自由エネルギーの変化量は

$\Delta U = dq - dw$

であり，体積変化だけが起こる系について考えれば，

$\Delta F = v\Delta p - S\Delta T - T\Delta S$

$\Delta G = v\Delta p - S\Delta T$

となる．つまり，これら 2 種類の自由エネルギー変化の差は常に，

$\Delta G - \Delta F = T\Delta S$

である．通常は定圧反応を扱う場合が多いために，通常はギブズの自由エネルギー変化を利用する．その一例を表 **2.13** に示す．なお，ギブズの自由エネルギーもエンタルピーと同様，25°C - 1 気圧における安定元素の生成自由エネルギーを慣例的に零として求めた値である．

表 2.13 ギブズの自由エネルギー (kJmol^{-1}, 25°C)

H_2O (l)	−237.13	CaO (s)	−604.03
H_2O (g)	−228.57	$CaCO_3$ (s)	−1128.79
HF (g)	−273.2	NaOH (s)	−379.49
HCl (g)	−95.30	NaCl (s)	−384.14
HBr (g)	−53.45	KOH	−379.08
Hl (g)	1.70	KCl (s)	−409.14
SO (g)	−300.19	CH_4 (g)	−50.72
SO (g)	−371.06	C_2H_2 (g)	209.20
H_2S (g)	−33.56	C_2H_4 (g)	68.15
H_2SO_4 (l)	−690.0	C_2H_6 (g)	032.82
NO (g)	86.57	HCHO (g)	−113
NO_2 (g)	51.31	HCO_2H (l)	−361.35
N_2O (g)	104.20	CH_3OH (l)	−116.27
N_2O_4 (g)	97.89	CH_3CHO (l)	−128.12
NH_3 (g)	−16.45	CH_3CO_2H (l)	−389.9
CO (g)	−137.17	C_2H_5OH (l)	−174.78
CO_2 (g)	−394.36	C_2H_5Cl	−60.46
PbO_2 (s)	−217.33	$(CH_3)_2O$ (g)	−112.59
Al_2O_3 (s)	−1582.3	C_3H_6 (g)	62.78
Fe_2O_3 (s)	−742.2	C_3H_8 (g)	−23.38
TiO_2 (s)	−884.5	C_4H_{10} (g)	−17.03
MgO (s)	−569.43	C_6H_6 (g)	129.72
		C_2H_5Cl	−60.46

2.3.5 平衡定数とギブズの自由エネルギー

(2.6) 式で表される理想気体の反応について考えてみよう．ここで自由エネルギー G は，温度，圧力に加えて各成分のモル数 ($n_1, n_2, \cdots, m_1, m_2, \cdots$) の関数であることから (2.13) 式で表される．

$$G = f(T, p, n_1, \cdots, m_1, \cdots) \tag{2.13}$$

また，G が僅かに変化したときの G の変化量 dG は，(2.14) 式で表される．

$$dG = \left(\frac{\delta G}{\delta T}\right) \Delta T_{p,n_1,n_2,\cdots,m_1,m_2,\cdots} + \left(\frac{\delta G}{\delta p}\right) \Delta p_{T,n_1,n_2,\cdots,m_1,m_2,\cdots}$$
$$+ \left(\frac{\delta G}{\delta n_1}\right)_{T,p,n_2,\cdots,m_1,m_2,\cdots} + \cdots \tag{2.14}$$

ここで，$+\left(\frac{\delta G}{\delta m_A}\right)_{T,p,n_1,n_2,\cdots,m_1,m_2,\cdots}$ はギブズによって化学ポテンシャルと命名され，μ_{mA} と表される．なお (2.14) 式は，p, T が一定であれば (2.15) 式で表されることになり，さらに平衡状態の場合は $dG=0$ である．

$$dG = \mu_{mA}dn_1 + \mu_{mA}dn_2 + \cdots = \Sigma_i \mu_{ni} dn_i \tag{2.15}$$

この状態を図 **2.16** に示す．平衡状態は原系，および生成系のいずれも自由エネルギーが減少する方向であり，この場合の反応は自発的に進行する．

また，熱力学第 1 法則から $G = vdp + SdT$ であるから，等温状態 ($dT = 0$) において (2.15) 式は (2.16) 式で表される．

$$\left(\frac{\delta G}{\delta p}\right)_T = v \tag{2.16}$$

理想気体 1 モルの体積変化 ($v_1 \rightarrow v_2$) に関する自由エネルギーの変化量は

$$\int dG = \int_{v_1}^{v_2} vdp = \int_{p_1}^{p_2} \frac{RT}{p} dp = RT ln \frac{p_2}{p_1} = RT ln \frac{v_1}{v_2} \tag{2.17}$$

であり，理想気体における等温変化は (2.18) 式で与えられる．

$$dG = RT d\ln p \tag{2.18}$$

つまり，標準状態における自由エネルギーと圧力をそれぞれ G^0，$p^0 (= 1.013 \times 10^5 [\text{Pa}])$ とすると，

$$dG = RT d\ln p$$

となり，各気体成分の化学ポテンシャルは気体それぞれの部分モル分率の合計であることから，化学ポテンシャルにも同様の (2.19) 式が成り立つ．

$$\mu_i = \mu_i^0 + RT \ln p_i \tag{2.19}$$

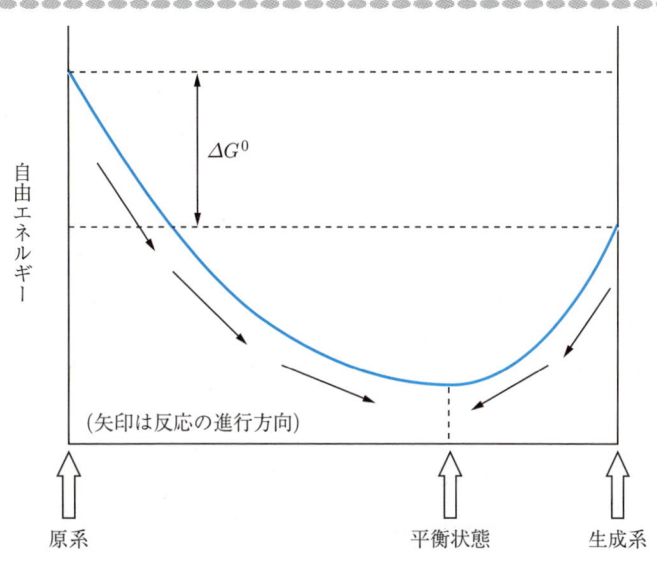

図 2.16 自由エネルギーと平衡状態の関係

2.3.6 平衡定数の温度依存性

(2.6) 式で表される気体反応に (2.18) 式を適応すると

$$\Delta G = (m_1 G_C + m_2 G_D + \cdots) - (n_1 G_A + n_2 G_B + \cdots)$$
$$= (m_1 G_C^0 + m_2 G_D^0 + \cdots) - (n_1 G_A^0 + n_2 G_B^0 + \cdots)$$
$$+ (m_1 RT \ln p_C + m_2 RT \ln p_D + \cdots) - (n_1 RT \ln p_A + n_2 RT \ln p_B + \cdots) \quad (2.20)$$

ここで右辺の "(第 1 項)−(第 2 項)" は ΔG^0 であることから，(2.20) 式は (2.21) 式になる．

$$\Delta G = \Delta G^0 + RT \ln \frac{p_C{}^{m_1} p_D{}^{m_2} \cdots\cdots}{p_A{}^{n_1} p_B{}^{n_2} \cdots\cdots} \quad (2.21)$$

ここに (2.8) 式を代入し，さらに平衡である ($\Delta G = 0$) ことを考慮すると

$$\Delta G^0 = -RT \ln K_p \quad (2.22)$$

これを定圧下で微分して両辺に T を乗じると

$$T\left(\frac{\delta \Delta G^0}{\delta T}\right) = -RT \ln Kp - RT^2 \frac{d \ln Kp}{dT} = \Delta G^0 - RT^2 \frac{d \ln Kp}{dT}$$

ここでギブズ・ヘルムホルツの式 $\Delta G \dagger \Delta H = T$ を用いると

$$RT^2 \frac{d \ln Kp}{dT} = \Delta H \quad \rightarrow \quad \frac{d \ln Kp}{dT} = \Delta H / (RT^2) \quad (2.23)$$

さらに，$-(1/T^2) dT = d(1/T)$ であるから

$$\frac{d \ln Kp}{d(1/T)} = -\frac{\Delta H^0}{R} \quad (2.24)$$

ΔH はほぼ一定の値であることから，$d \ln Kp$ を縦軸，$1/T$ を横軸にプロットすると，得られる直線の傾きから当該反応の ΔH が求められることになる．その様子を図 **2.17** に示すが，ΔH^0 が正 (吸熱反応) であれば右下がりの直線に，ΔH^0 が負 (発熱反応) であれば右上がりの直線になる．また，吸熱反応の場合には温度が高いほど Kp は大きくなり，一方発熱反応の場合には低温の方が Kp は大きくなる．つまり，吸熱反応の反応性を高めるためには温度を上げる必要があり，発熱反応の反応性を上げるためには逆に温度は下げた方がよいことが分かる．

さらに，(2.23) 式を ΔH がほとんど変化しない温度範囲 ($T_1 \sim T_2$) で積分すると，

$$\ln K p_2 / K p_1 = \Delta H / R \times (T_2 - T_1)/(T_2 T_1) \quad (2.25)$$

となる．一般に ΔH は温度によって多少変化するが，その場合 ΔH は，次式のような T のべき級数で表される．

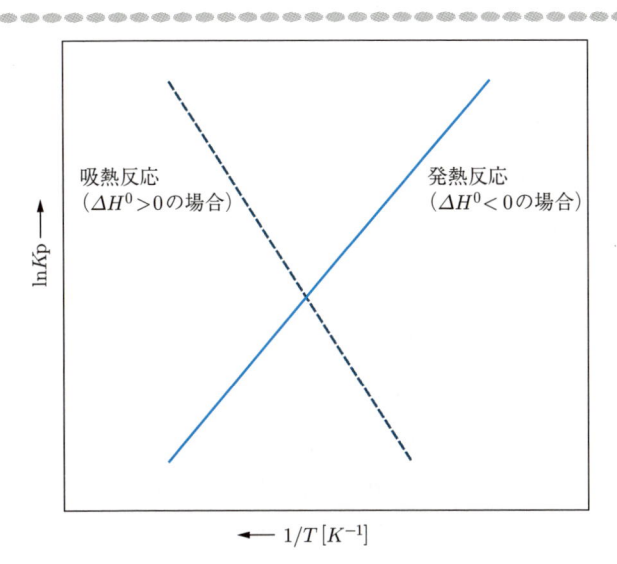

図 2.17 平衡定数の温度変化の様子

$$\Delta H = \Delta H_0 + aT + bT^2 + cT^3 + \cdots$$

ただし，通常は ΔH が定数と考えられる場合が多い．つまり，ある温度における平衡定数が既知であれば，任意の温度における平衡定数が計算できることになる．たとえば，冷凍環境などの比較的低温における平衡定数を測定するためには莫大な時間を要するが，実際には既知の平衡定数や，比較的迅速に測定できる高温の平衡定数などを利用して，目的の温度における平衡定数を計算している．この説明に関する例として，次の反応の室温における平衡定数から別の温度における平衡定数を求めてみよう．

$$N_2O_4(g) \rightleftarrows 2NO_2(g)$$

まず，この反応の 298K における平衡定数 Kp を求める必要がある．(2.22) 式を用いて，上記反応の自由エネルギーから平衡定数を計算すると，

$$RT\ln Kp = -\Delta G_{298} = -2\Delta G(NO_2) + \Delta G(N_2O_4)$$
$$= -2 \times 51.31 + 97.89 = -4.73$$

となる．つまり

$$\ln Kp = -4.73/2.48 = -1.91$$

であり，この結果から 298K における平衡定数は，0.15 と求められる．この値を用いて，100°C における平衡定数を計算してみよう．(2.23) 式の ΔH はこの場合，標準生成エンタルピーを用いる必要があるが，その一例を**表2.14** に示す．表から，この反応の標準生成エンタルピー ΔH は温度によって変わらないと考えれば，

$$\Delta H = 9.16 - 2 \times 33.18 = -57.2 \text{kJ/mol}$$

となる．また，298K における平衡定数は 0.15 であることから，

$$\ln Kp = -1.91 - (-57.2)/8.31 \times (1/373 - 1/298) = 2.73$$

となり，100°C における平衡定数は $Kp = 15$ と求められることになる．

再び (2.25) 式についてであるが，これを液体の蒸発について適応する場合には，ΔH として蒸発熱 ΔHv を用いればよい．このときの平衡定数は蒸気圧と考えられ，T_1, T_2 における蒸気圧をそれぞれ p_1, p_2 とすると，

$$\ln p_2/p_1 = (\Delta H/R) \times (T_2 - T_1)/(T_2 \cdot T_1) \tag{2.26}$$

となる．これはクラウジウス・クラペイロンの式そのものであり，状態が変化する場合に利用できることは前に説明した通りである．**表2.15** にこの式を用いて蒸気圧を求める方法について解説してある．

2.3 化学平衡

表 2.14 標準生成エンタルピー ($kJmol^{-1}, 25°C$)

H_2O (l)	−283.83	CaO (s)	−635.09
H_2O (g)	−241.82	$CaCO_3$ (s)	−1206.9
HF (g)	−271.1	Fe_2O_3 (s)	−824.2
HCl (g)	−92.31	MgO (s)	−601.7
HBr (g)	−36.40	NaOH (s)	−425.61
HI (g)	26.48	NaCl (s)	−411.15
SO_2 (g)	−296.83	KOH	−424.76
SO_3 (g)	−395.72	KCl (s)	−436.75
H_2S (g)	−20.63	CH_4 (g)	−74.81
H_2SO_4 (g)	−813.99	C_2H_2 (g)	226.73
NO (g)	−90.25	C_2H_4 (g)	52.26
NO_2 (g)	−33.18	C_2H_6 (g)	−84.68
N_2O (g)	82.05	HCO_2H (l)	−424.72
N_2O_4 (g)	9.16	CH_3OH (l)	−238.66
NH_3 (g)	−46.11	CH_3CHO (l)	−166.19
CO (g)	−110.53	CH_3CO_2H (l)	−48.45
CO_2 (g)	−413.80	C_2H_5OH (l)	−277.69
PbO_2 (s)	−277.4	C_3H_8 (プロペン) (g)	−130.85
Al_2O_3 (s)	−1675.7	C_4H_{10} (ブタン) (g)	−126.15
		C_6H_6 (g)	82.93

表 2.15 クラウジウス・クラペイロンの式を利用した蒸発熱の求め方

(問題) 90°C における H_2O の蒸気圧を求めなさい.
(解答) まず，蒸発熱を求めなければならない.
25°C における水の蒸発熱は 44.02[kJ/mol]，水と水蒸気の Cp はそれぞれ 75.31, 33.60[J/K·mol] である．これらの値を用いて 90°C における蒸発熱 ΔH_{90} は次式のように計算される．

$\Delta H_{90} = 44.02 \times 10^3 + \int \Delta Cp dT$
$= 44.02 \times 10^3 + (363 - 298)(33.60 - 75.31)$
$= 44.02 \times 10^3 - 2.71 \times 10^3$
$= 41.31 [kJ/mol]$

この値を (2.25) 式に代入して

$\ln(p_2/1[atm]) = 41.31 \times (90 - 100)/8.314 \times 10^{-3} \times (373 \times 363)$
$= -0.3670$

となる．つまり，90°C における蒸気圧 p_2 は 0.693[atm] と求められる．

2.3.7 自由エネルギーと反応の自発性

ここで，改めてエンタルピー変化 ΔS，エントロピー変化 ΔH，および自由エネルギー変化 ΔG の関係について考えてみよう．等温等圧反応の場合，これらの間には次の関係が成り立つ．

$$\Delta G = \Delta H - T\Delta S$$

ここで $\Delta G < 0$ であれば不可逆変化，$\Delta G \geqq 0$ であれば可逆変化か，平衡状態であることを意味している．自然界におけるすべての物質は，エネルギーが低くなる方向に移動する．そのため，発熱 ($-\Delta H$) によってエネルギーが低くなる反応や，規則性が崩れてエントロピーが増える反応が自然界においては普遍な反応である．これらは不可逆反応であり，ΔG が負である反応こそが自然な反応である．一方，ΔG が正である場合は ($\Delta H - T\Delta S$) が正になることから，吸熱反応や乱れが減少する反応であるなど，自然界の動きとは逆の反応が起こることが理解できる．

以上のことを念頭において，自由エネルギーと反応の自発性について考えてみよう．図 **2.18** に，原系に対して生成系の自由エネルギーが低い (I)，同等 (II)，高い (III) 場合に関する自由エネルギー変化の一例を示してある．もちろん (I) においては ΔG が負になるので，その反応は自発的であると考えられるし，逆に (III) は ΔG が正であるので，これらの値だけから判断するとこの反応は進行しないと考えられる．しかし，いずれの反応も自由エネルギーは原系よりも一度低くなっていることに気がつく．実際に，これら (I)〜(III) の反応はいずれも自由エネルギーが最低になる状態までは自発的に反応は進むことが確かめられている．たとえば反応 (II) では生成系と原系の自由エネルギーに差はないが，この場合も全く反応が起こらないのではなく，ΔG が最低値になるまで反応は進み，ここで平衡状態になってそれ以上は反応が進まないだけである．こう考えると，(I)〜(III) のいずれの反応も最後まで進まないように思われるであろうが，実際に (I) の場合の ΔG^0 は+100kJ/mol 程度であることが多く，この場合の生成系と原系の物質量の比は約 10^{17} にもなり，実際にはほとんど反応が終わっていると考えても差し支えない状態になる．逆も同様であり，この図から判断する限りにおいては，反応 (III) も平衡状態になるまで反応は進むと考えられるが，実際には ΔG が正の場合に反応はほとんど進まないと考えても差し支えない．

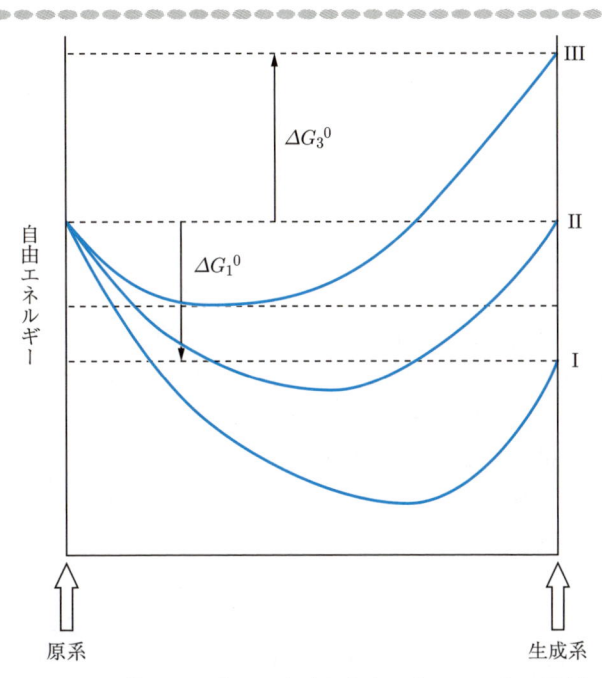

図 2.18　種々の原系・反応系と自由エネルギーとの関係

2.4 熱力学の工学的応用

2.4.1 相律

物理的・化学的性質が同じである系が均一系である．たとえば，空気のような混合物，あるいは一定濃度の塩酸水溶液などがその例である．また，氷が浮かんだ水は固体部と液体部から，フラスコに封入されたベンゼンは液体部と気体部からなっており，いずれも不均一系，または混合系と呼ばれる．しかし，氷や水だけの場合には，系の性質が同じであることから，均一系になる．このように均一な部分を相と呼び，相には気相・液相・固相の3種類がある．たとえば，気体は任意の割合で混合することが可能な均一系であるが，液相は蒸発によって気相が存在したり，固相の場合には一部が融解して液相が生成したり，表面が昇華して気相が生成する場合も多く，一般的には不均一系である．

2つ以上の相が平衡状態にある場合，各相の組成を表すために必要かつ十分な物質がその系の成分と呼ばれる．たとえば水が水蒸気と平衡状態にある場合は相が2つであるが，それらはいずれも H_2O であり，成分は1である．また，炭酸カルシウムが分解して酸化カルシウムや二酸化炭素と平衡状態にある場合，2つの固体と1つの気体からなるために相は3である．なお，それぞれの化合物は CaO と CO_2 によって表すことが可能であるため，成分は2となる．図 **2.19** に食塩を例とした場合の成分と相の関係を示す．以下に，P 個の相からなる不均一系があり，それぞれの相は C 個からなる成分で表される平衡状態について考えてみよう．

平衡状態においては，すべての相の温度 (T) と圧力 (p) が同じであり，さらに ($C-1$) 個の成分が決まればすべての成分が決まることになるため，この系における変数は $(2+P(C-1))$ 個である．なお，平衡が達成されるまでは各相間の成分割合はお互いに影響しあって変化することから，上の変数すべてが独立ではない．さらに，2相間における特定成分の存在割合は片方の相における割合が明らかになれば，他方は自ずと決まることになる．すなわち，相の数が P 個であれば変数は ($P-1$) 個であり，それぞれの相が C 個の成分からなることから，$C(P-1)$ 個の関係が存在することになる．この数を上の系全体の変数から減じた値が独立な変数 f であり，この f を**自由度**と呼ぶ．つまり，P, C, f の間には以下に示す "**相律**" の関係が存在する．

$$f = 2 + P(C-1) - C(P-1) = C + P - 2$$

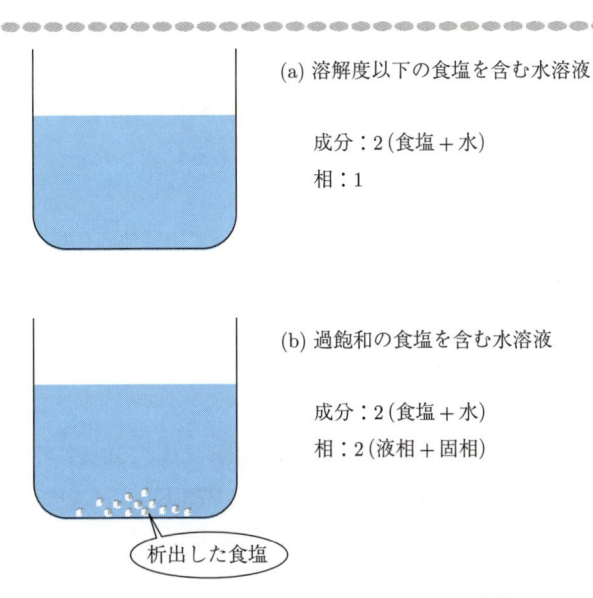

(a) 溶解度以下の食塩を含む水溶液

　　成分：2（食塩＋水）
　　相：1

(b) 過飽和の食塩を含む水溶液

　　成分：2（食塩＋水）
　　相：2（液相＋固相）

析出した食塩

図 2.19 食塩水を例とする成分と相の考え方

2.4.2 気体
2.4.2.1 理想気体

ボイル (**Boyle**) は "一定温度において，気体の体積 (v) は圧力 (p) に反比例して変化する" ことを見出したが，これは次のように表される．

$pv = $ 一定 (ボイルの法則)

また，シャルル (**Charles**) は "一定圧力下において，気体の体積 (v) は温度 (T) に比例して変化する" ことを見出したが，これは次のように表される．

$v/T = $ 一定 (シャルルの法則)

一般的にはこれら 2 つの法則を結び合わせた

$pv/T = $ 一定

が "ボイル・シャルル (**Boyle-Charles**) の法則" として知られている．この式に，標準状態下 (圧力：1.013×10^5[Pa]，温度：273[K]) において 1 モルの理想気体が占める体積 (22.4×10^{-3}[m^3/mol]) の値を入れると

$(1.013 \times 10^5 \times 22.4 \times 10^{-3})/273 [\text{Pa} \cdot \text{m}^3 \cdot \text{K}^{-1} \cdot \text{mol}^{-1}] = 8.31 [\text{J} \cdot \text{K}^{-1} \text{mol}^{-1}]$

となる．この値が気体定数 ($= R$) であり，この式が常に成り立つ気体を**理想気体**，または**完全気体**と呼び，次式を**理想気体の状態方程式**と呼ぶ．

$pv/T = R$ (または，n モルの体積を V とした $pV = nRT$)

ここで示した理想気体が有する性質をまとめると次のようになる．

(1) $-273°$C で体積は零になる

(2) 圧力に応じて体積は無限に収縮，または膨張し，その 1°C 当たりの体積変化割合は 0°C における体積の 1/273 倍である

理想気体に対して，通常我々が経験する気体は**実在気体**と呼ばれる．その違いを**表 2.16** に示すが，理想気体の状態方程式は実在気体の分子が希薄なとき，つまり低圧の場合や，高温の場合にだけ成り立つことに注意する必要がある．特に体積と温度の関係を**図 2.20** に示すが，この図で示されるように実際の気体は温度が下がれば液体，さらには固体になり，理想気体が実在気体とは大きく異なることを忘れてはならない．しかし，大気圧下であれば実在気体にとって十分低い圧力であり，実在気体も理想気体として扱われることが多い．

2.4 熱力学の工学的応用

表 2.16 理想気体と実在気体の特徴的な相違点

	理想気体	実在気体
分子の扱い方	質点であり，体積は無視	分子の体積を考慮
分子間力	なし (分子同士の衝突を考慮しない)	あり
温度と体積の関係	比例関係	下図参照

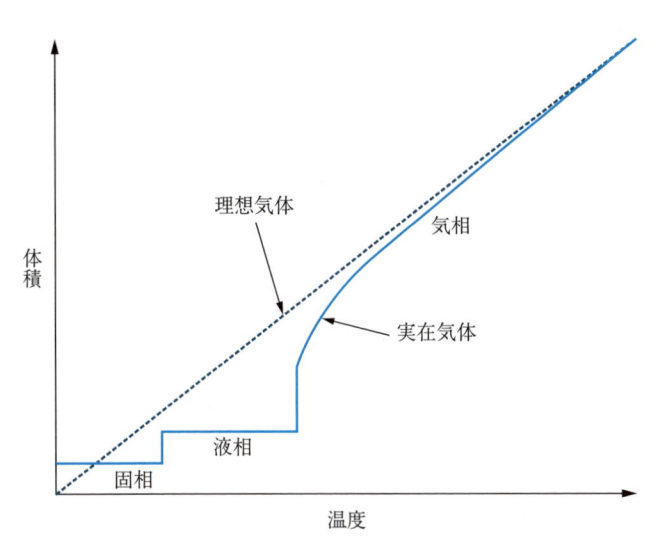

図 2.20 実在気体と理想気体の温度-体積の関係

2.4.2.2 実在気体

理想気体は気体分子自身の体積や分子相互間の引力を無視しているために,実在気体を理想気体として扱えない場合も生じる.実在気体を理想気体として扱えるのは,圧力が小さく,温度が高い場合だけであるのは前項に示した通りであるが,厳密な答えを必要としない場合には実在気体を理想気体として取り扱うことが多い.実在気体のような理想気体の状態方程式を満足しない気体は不完全気体と呼ばれるが,それは図 **2.21** に示したような実在気体の気圧 (圧力)(p) に対する pv/RT の値が一定でないことからも理解できる.なお,大気圧などの低圧域においては理想気体からのずれが小さいために,気体の種類を問わず,実在気体も理想気体として扱える.

前項では理想気体の性質をまとめたが,ファン デル ワールス (**van der Waals**) は実在気体の性質について詳細に検討し,次のような事項を考慮すれば,実在気体であっても理想気体の法則が利用できることを明らかにした.

(1) 1モル当たりの気体分子の体積を b とし,この体積値を全体積 v から引いた値を体積とする.

(2) 気体分子間に引力が働く場合には,容器の壁の近くにある分子には内部に向かう引力 (内部引力) が強いと考えられる.そのため,引力が働かない理想気体として扱うためには,この内部引力を加味した値を圧力とする必要がある.

(1) については理解が容易であろうから,ここでは (2) について具体的に考えてみよう.壁に分子が衝突して生じる力は,その密度 ($\propto 1/v$) が大きければ大きいはずであり,密度に比例する.また,単位時間当たり,単位面積に衝突する分子数も系内の分子数,つまり密度に比例するはずである.すなわち,内部圧力は密度の2乗に比例することになり,言い換えると体積の2乗に反比例することになる.その比例定数を a とすれば内部圧力は a/v^2 となり,$(p+a/v^2)$ を気体の圧力と考えればよいことになる.以上を考慮して得られた次式が実在気体に適用される状態方程式であり,ファン デル ワールスの**状態方程式**と呼ばれている.

$$(p+a/v^2)(v-b) = RT$$

a と b はファン デル ワールスの定数であり,その一例を**表 2.17** に示す.なお,これらの値を利用するに当っては,雰囲気によって数値が多少変化することを忘れてはならない.

2.4 熱力学の工学的応用

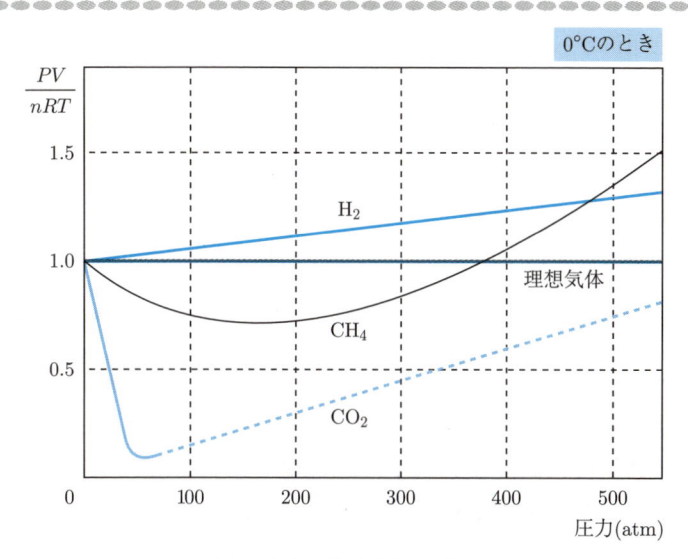

0°Cのとき

図 2.21 圧力変化に伴う理想気体からのずれ

表 2.17 ファン デル ワールス状態方程式の補正因子 a と b の値 (a [atm dm^{6}mol^{-2}] および b [dm^{3}mol^{-1}])

気体	a	b	気体	a	b
H_2	0.25	0.027	H_2O	5.47	0.030
He	0.035	0.024	H_2S	4.43	0.043
Ne	0.21	0.017	SO_2	6.77	0.057
Ar	1.34	0.032	CO_2	3.61	0.043
Kr	2.29	0.040	NH_3	4.17	0.037
Xe	4.12	0.051	C_2H_2	4.40	0.052
N_2	1.35	0.038	C_2H_4	4.47	0.057
O_2	1.36	0.032	C_2H_6	5.46	0.065
Cl_2	6.50	0.056	CH_3OH	9.53	0.067
NO	1.34	0.028	C_3H_8	8.66	0.085
CO	1.47	0.039	C_6H_6	18.07	0.120
HI	7.72	0.053	$C_2H_5OC_2H_5$	17.4	0.135
HCl	3.68	0.041	$n\text{-}C_5H_{12}$	19.0	0.146

2.4.2.3 応用：アンモニア合成，気体の液化

気体の応用例として，アンモニアの合成について考えてみよう．

アンモニアは窒素1モルと水素3モルからなる混合ガスを100～1000atm (約10～100MPa) に加圧して450～550°C の触媒下にて反応させて得られるが，その反応式は次の通りである．

$$N_2 + 3H_2 = 2NH_3 + \text{発熱}$$

得られたアンモニアは冷却液化して分離し，未反応ガスは再度原料として利用されるが，このときの平衡定数 Kp は次の通りである．

$$Kp = p_{NH_3}/(p_{N_2} \cdot p_{H_2}{}^3)$$

窒素1モル，水素3モルからアンモニアが $2x$ モル生じる平衡状態になったとすると，窒素・水素・アンモニアそれぞれのモル数は $(1-x) \cdot 3(1-x) \cdot 2x$ であり，全モル数は $(1-x) + 3(1-x) + 2x = (4-2x)$ モルとなる．全圧を p とすれば，この場合の平衡定数 Kp は次式で表される．

$$K_p = \frac{P^2 \frac{4x^2}{(4-2x)^2}}{P\frac{1-x}{4-2x} \cdot P^3 \frac{27(1-x)^3}{(4-2x)^3}} = \frac{4x^2(4-2x)^2}{27(1-x)^4 \cdot P^2}$$

ここで，x が1よりも非常に小さいと考えると

$$Kp \fallingdotseq 64x^2/27p^2$$

つまり，生成するアンモニア量を増やすためには，全圧を増やせば良いことが分かる．**図2.22**は，実際の製造装置から得られたアンモニアの生成量に及ぼす温度と圧力の影響を示したものである．この図から，確かに全圧を上げると生成量は確かに増えるが，反応温度を低くしなければならないことも理解できる．

アンモニアにも当てはまるが，実在気体を圧縮すると分子間隔が狭くなるために分子間力が強くなる．この状態で冷却すると，ついには分子が分子間力に逆らって運動することが不可能になる．この状態が気体の液化である．

容器中で液体を熱した場合，蒸気の密度は温度とともに上がっていき，ついには蒸気と液体の密度が等しくなる温度が存在する．それを**臨界温度** T_C と呼び，そのときの蒸気圧が**臨界圧力** p_C である．主な物質の臨界温度と臨界圧力を**表2.18**に示すが，その臨界温度以上において容器は，気相液相の区別がない状態の均一相で満たされている．

2.4 熱力学の工学的応用

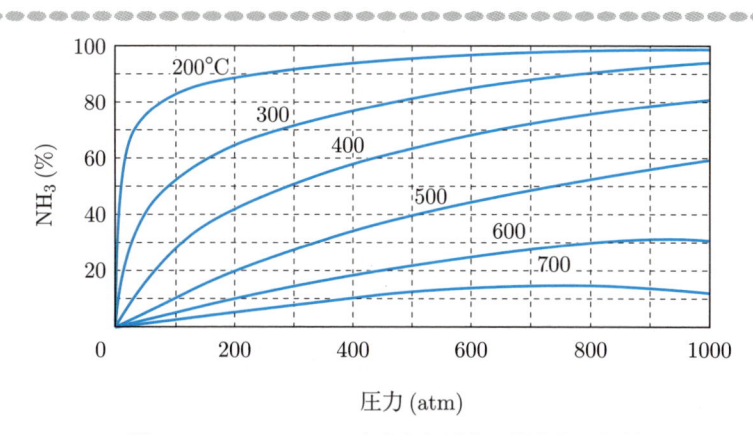

図 2.22 アンモニアの生成率と圧力，温度との関係

表 2.18 気体の臨界定数

物質	$T_c(\mathrm{K})$	$P_c(\mathrm{atm})$	$V_c(\ell)$
ヘリウム	5.3	2.26	0.061
水素	33.3	12.8	0.069
窒素	126.1	33.5	0.090
酸素	154.3	49.7	0.074
塩素	417	76.1	0.123
炭酸ガス	304.2	72.9	0.094
アンモニア	405.6	111.3	0.072
水	647.2	218.3	0.055
メタン	190.6	45.8	0.098
プロパン	176.4	42.0	0.200
ペンタン	76.2	33.3	0.353

2.4.3 液体

物質を3態(気体,液体,固体)に分類してみると,それらの構造は大きく異なる.液体の構造は,固体のように原子や分子が密に詰った状態と,気体のように分子が希薄に存在している状態の中間であり,物理的・化学的性質も様々でその変更も容易であるなどの特徴を有している.また,液体の代表である水は地球の営みに不可欠な物質であり,液体の特徴を理解することは新たな発見にもつながるはずである.図 2.23 に1成分系の代表である水の状態図を示すが,この図における相律について考えてみよう.3種類の各相内では温度と圧力を変えても相が変化することはなく,その自由度は2である.また,2相が共存する固液線,気液線,気固線においては,温度,または圧力を変えれば他方は自動的に決まるため,自由度は1となる.また,3相が生じる3重点において自由度は0であり,温度・圧力ともに一定の値になる.以上説明したように,水は3種類の相になり得るが,各相の安定性は温度と圧力によって決まり,**3重点**は不変点であることなどが,図 2.23 から理解できる.

ある温度において液体とその液体の蒸気とが平衡状態にある場合,その蒸気の圧力を**蒸気圧**と呼び,温度が高いほど大きな値になる.また,液体分子が気体(蒸気)になるためには,液体間の引力を切り離すためにエネルギーが必要であり,これが蒸発熱,または気化熱と呼ばれる.**表 2.19** に溶液の代表である水の蒸気圧と蒸発熱を示す.温度が上がれば蒸気圧も上昇するが,これは温度が上がると液体中の分子がエネルギーを得ることになり,液体間の引力が切り離されやすくなるためである.なお,固体の蒸気圧は液体に比べて極めて低いのが,通例である.

温度と蒸気圧の関係は,クラウジウス・クラペイロンの式で表されることを 2.3 節で説明したが,液体の蒸気圧は気体の蒸気圧に比べて小さいこと,および蒸気圧が低い場合には理想気体として扱えることを利用すると,次式が成り立つ.

$$dp/dT = L/T\Delta V$$

ここで ΔV はそれぞれの相1モルが占める体積の差であり,L は1モル当たりの蒸発熱である.

2.4 熱力学の工学的応用

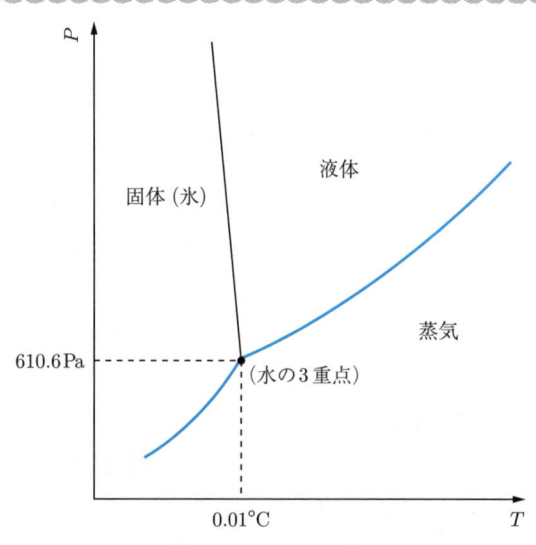

図 **2.23** 水の状態図

表 **2.19** 水の蒸気圧と蒸発熱

温度 (°C)	蒸気圧 (Pa)	蒸発熱 (kJmol^{-1})
0	6.107×10^2	44.8
10	1.228×10^3	
20	2.338×10^3	44.1
50	1.234×10^4	
80	4.736×10^4	41.6
100	1.013×10^5	40.7
150	4.760×10^5	

2.4.3.1 溶液

2種類以上の物質が，分子，または原子レベルで均一に混合している液体が溶液であり，混合割合が多い物質を溶媒，少ない物質を溶質と呼ぶ．以下に，代表的な溶液濃度の表し方を説明する．話しが複雑にならないように，ここでは温度が一定の場合について説明する．

溶液の密度は温度によって変化する．そのため，温度に影響されない質量を用いて濃度を表す場合があり，これが**質量モル濃度 (molarity)** であり，1[kg] の溶媒に含まれる溶質のモル数 (単位：mol/kg) を表す．また，**モル濃度**と呼ばれる溶媒と溶質を含む溶液 1 [ℓ] 中に含まれる溶質のモル数で濃度 (単位：mol/ℓ) を表す場合もある．

気体の液化については前節で説明した通り，臨界点において液体と気体とを区別することができなくなり，このような状態を**超臨界状態**，そのとき超臨界状態を示している物質を**超臨界流体**と呼ぶ．

これまで溶液の概要について述べてきたが，これらはすべて理想的な液体 (理想溶液) の場合にのみ，当てはまる．その理想溶液の自由エネルギーの定温変化は $dG = RTd\ln p$ で与えられることから，その化学ポテンシャルは

$$\mu_\iota = \mu_0 + RT\ln p_i$$

となる．理想溶液では，圧力を濃度と考えればよいため，

$$\mu_\iota = \mu_0 + RT\ln C_i$$

となる．ただし，μ^O は $C = 1.0[\text{mol}/\ell]$ の場合の化学ポテンシャルである．

液体の場合も気体と同様，理想溶液として扱えないものもある．濃度は，溶質同士の相互作用を考慮する必要があるため，溶液中にある化学種間の作用を考慮した**活量** a という熱力学的な値を用いることが多い．ただし，濃度が薄い場合には相互作用が少ないため，活量を使用せずに濃度を用いることが可能である．なお，活量と濃度の比は**活量係数** (γ) と呼ばれる．

$$\gamma = a/C$$

2成分の混合溶液における蒸気圧とモル分率との関係を図 **2.24** に示す．実線は実際の混合溶液を用いて測定した蒸気圧であり，点線は理想溶液の場合である．**理想溶液**はラウール (**Raoult**) の**法則** (混合溶液の蒸気圧は，それぞれのモル分率に物質の蒸気圧を乗じて足し合わせた値になる) から外れることはないが，図からも分かるように**実在溶液**では直線から大きくはずれることが多い．

2.4 熱力学の工学的応用

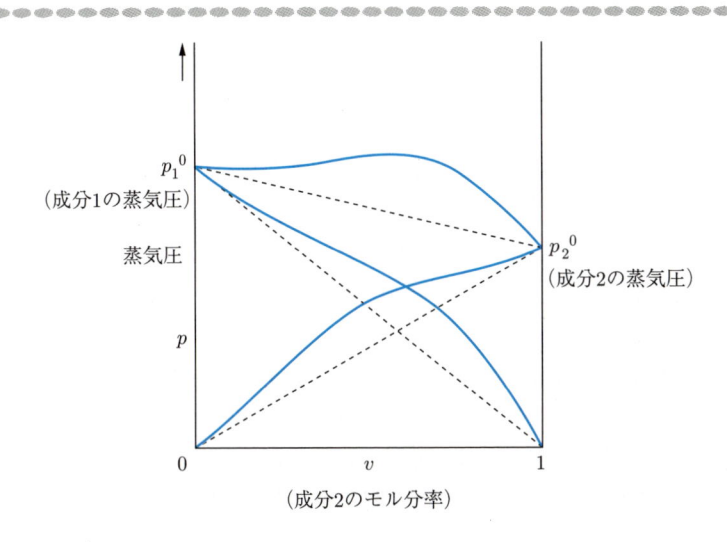

p_1：混合溶液における成分1の蒸気圧
p_2：混合溶液における成分2の蒸気圧
実線：実在溶液
破線：理想溶液

図 2.24 混合溶液の組成-蒸気圧曲線の一例

2.4.3.2 束一的性質

以下に,不揮発性溶質を含む希薄溶液の性質の中から,**蒸気圧降下**,**沸点上昇**,**凝固点降下**,および**浸透圧**を取りあげて説明する.

I 蒸気圧降下

等温下にある液体がその蒸気と平衡状態にある場合,その蒸気の圧力が蒸気圧であり,それは液体中の化学種が相互作用を打ち破って蒸気となる場合に必要なエネルギーであることは前に説明した.因みに水の蒸発熱は温度によって大きく変化せず,40〜44[kJ/mol] の値であるが,多くの液体の蒸気圧は温度とともに増加する.

一般に,不揮発性溶質を溶媒に溶かすと蒸気圧は下がる.溶質を含まない溶媒だけからなる液体の蒸気圧を p^0,溶質を含んだ場合の蒸気圧を p とすると,$(p^0 - p)/p$ が蒸気圧降下と呼ばれる.この関係はラウールによって詳細に調べられ,以下の関係式で表されることが明らかになっている.

$$(p^0 - p)/p = n/(N + n)$$

ただし,n,N は溶液を構成する溶質と溶媒のモル数であり,混合溶液の蒸気圧降下は溶質のモル数と溶液のモル数との比に等しいことが分かる.ここで $n/(N+n) = x$ とおくと x は溶質の**モル分率**であり,希薄溶液の場合は $n/N = x$ となる.つまり,希薄溶液の蒸気圧降下は (溶質モル数)/(溶媒のモル数) の値と等しいことになる.

II 沸点上昇

"I 蒸気圧降下"に記したように,不揮発性の希薄溶液における蒸気圧は溶媒だけの場合に比べて全体的に低下する.溶液の蒸気圧は,溶質量に比例して減少するため,同じ蒸気圧となるためには温度が上がらざるを得ない.**図 2.25** に示すように,沸点においても同様の現象が起こる.これが沸点上昇であり,この現象について考えてみよう.

溶質の量は極少であり,溶液の沸点を変えるほどではないと考えられる場合は $xp^0 = p$(一定) となる.これを微分すると

$$xdp^0 + p^0 dx = 0 \rightarrow dx/x = dp^0/p^0$$

となる.この関係を溶媒の蒸気圧と温度の関係を表すクラウジウス・クラペイロンの式 (p.42 参照) に入れると次式が得られる.

$$dT = -(L_V \times x/RT^2)dx$$

ここで,希薄溶液であることを考慮すると x はほぼ 1,かつ dx の係数は一定

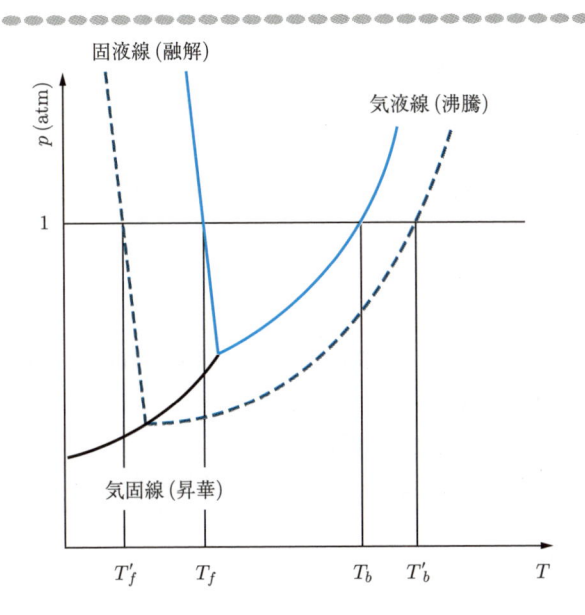

$T'_b - T_b$：沸点上昇
$T'_f - T_f$：凝固点降下

図 **2.25** 沸点上昇と凝固点降下

になり，これらの仮定を考慮して上式を純溶媒から溶液まで積分すると
$$\Delta T = -RT_0^2/L_V \times (x-1)$$
となる．さらに $(1-x)$ は溶質のモル分率であるから，それを x と置き換えて
$$\Delta T = RT_0^2/L_V \times x$$
となる．ここで希薄溶液であるから $n \ll N$ と考えられるため，
$$n/(N+n) \approx n/N$$
であり，
$$x = n/N$$
$$= (w_1[溶質の質量]/M_1[溶質の分子量])/(w_2[溶媒の質量]/M_2[溶媒の分子量])$$
が得られる．つまり，ΔT は
$$\Delta T = RT_0^2/L_V \times (w_1/w_2) \times (M_2/M_1)$$
となる．ここで溶質が1000[g]，この溶液の重量モル濃度が m[モル/kg] であれば $w_1/M_1 = m$ であるから
$$\Delta T = mRT_0^2 M_2/1000 L_V$$
となる．この ΔT を1モル当たりの値に換算した値がモル上昇定数 K_b であり，その一例を表 2.20 に示す．

III 凝固点降下

固相の純溶媒と平衡にある溶液について考えよう．凝固するのは純物質であるから，凝固点においては純水な固体と溶液中の溶媒物質との化学ポテンシャルは等しいはずである．つまり，固液線を表す実線はそのままであるが，気液線，気固線は図 2.25 に示すように移動する．

凝固点降下について考えてみよう．希薄溶液であるので溶媒の分圧 p は
$$p = x \times p^o$$
となり，これは凝固点における固体の蒸気圧 p_s に等しいはずである．そのため，
$$p_s = x \times p^o$$
となる．この式を微分すると
$$dp_s = xdp^o + p^o dx$$
であり，全体を xdp^o で割ると次式が得られる．
$$dp_s/xp^o - dp^o/p^o = dx/x$$

表 2.20 モル上昇定数，K_b (K mol^{-1} kg)

溶媒	K_b, (沸点 °C)	溶媒	K_b, 度・m^{-1}
水	0.512 (100)	トルエン	3.33 (110.6)
メタノール	0.83 (64.7)	クロロホルム	3.63 (61.1)
エタノール	1.22 (78.3)	四塩化炭素	5.03 (76.7)
アセトン	1.71 (56.2)	ジエチルエーテル	1.83 (34.5)
ベンゼン	2.53 (80.1)	ヨードベンゼン	8.53 (188.5)
酢酸	3.07 (118.5)	シクロヘキサン	2.75 (81.5)

また，固体の蒸気圧を L_S，液体の蒸発熱を L_V としてそれぞれの値にクラウジウス・クラペイロンの式を当てはめると

$dp_s/xp^o = dp_s/p_s = L_S/(RT^2) \times dT$

$dp^o/p^o = L_V/(RT^2) \times dT$

となる．これら2式を p.82 下の式に代入すると

$1/(RT^2) \times (L_S - L_V)dT = dx/x$

となり，ここで $(L_S - L_V)$ は融解熱 L_f に等しいことから，

$dT = RT^2/xL_f \times dx$

が得られる．この式において純粋な溶媒の凝固点から少量の溶質を含む物質の凝固温度まで積分すると

$\Delta T = RT^2/L_f \times (x-1) = -RT^2/L_f \times (1-x)$

となるが，$(1-x)$ は溶質のモル分率であり，沸点上昇の場合と同様に考えると凝固点降下 ΔT は次式で表されることになる．

$\Delta T = mRT_0^2 M_2/1000 L_f$

IV 浸透圧

ショ糖を溶解した水溶液と純水とが**半透膜**を介して接触している場合を考える．半透膜は水分子だけを通し，ショ糖分子は通過できない．図 **2.26** はその様子を示したものであり，左側の図は放置直後，右側の図は放置して平衡状態に達したときの状態を示したものである．丸はショ糖，点線が半透膜であり，水が半透膜を通過してショ糖の濃度を下げようとするため，右の水面は上昇し，左の水面は低下する．この水面の差が浸透圧であり，ショ糖の密度を ρ，水面の差を h とすると，そのときの**浸透圧** P_{os} は次式で与えられる．

$P_{os} = \rho g h$

理想溶液であれば，理想気体の場合と同様に状態方程式が成り立つことが知られており，これは**ファント ホッフ (van't Hoff) の法則**と呼ばれる．

$P_{os} V = nRT$

ここで，V は溶液の体積，n は溶質のモル数であり，n/V は溶質の濃度と考えることができる．また，理想気体と同様の状態方程式が成り立つことから，浸透圧は溶質分子が半透膜へ衝突するときの圧力に等しいと考えることができよう．この式を利用することによって浸透圧から溶質の分子量が，また逆に溶質の質量から浸透圧が計算できるようになる．その計算例を**表 2.21** に示す．

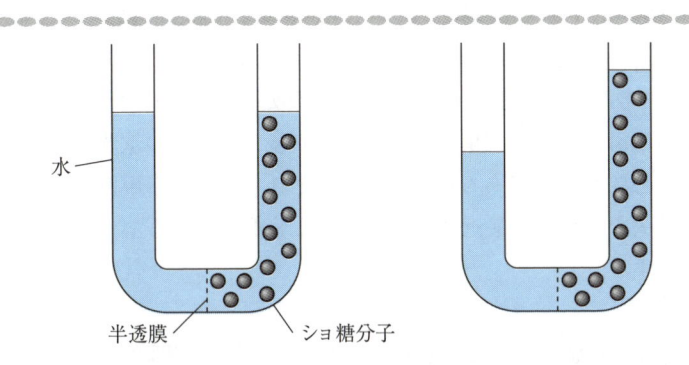

図 2.26 ショ糖水溶液の状態変化

開始直後　　　　　　　　　平衡状態到達後

水　　半透膜　　ショ糖分子

表 2.21 ファントホッフの法則を用いた計算例

(問題) 温度 25°C において，純水 100g に 1.0g のショ糖 (分子量：342) を溶解した溶液の浸透圧が 7.24×10^4 Pa であった．この結果から，気体定数を求めなさい．ただし，溶液の密度は 1.01×10^{-3} kg/m^3 である．
(解答) 1ℓ の純水にショ糖が 10.0g 溶解していることになり，その溶液濃度は 10.0/342[mol/ℓ]．この値など，必要な数値をファントホッフの式に入れて
　$R = 7.24 \times 10^4/(10.0/342 \times 298)$
　　$= 8.31 \times 10^3 [\text{Pa} \cdot \text{m}^3/(\text{K} \cdot \text{mol})]$
　　$= 8.31 \times 10^3 [\text{J}/(\text{K} \cdot \text{mol})]$

2.4.3.3 応用：分留，超臨界，フリーズドドライ，自己組織化

溶液で供給される工業製品には酸・塩基を始め，石油・食品など，様々なものがあり，その枚挙に暇がない．また，製品自体が溶液ではない場合もその製造工程においては溶液反応を利用していることが多く，溶液の重要性については改めて述べる必要もないであろう．ここではそれら多くの応用例の中から，石油精製に不可欠な分留と，最近注目されている分野における溶液反応の応用例について紹介する．

I 分留

揮発性成分からなる混合液体を各成分に分ける操作が**蒸留**であり，こうして分離される物質の純度が極めて高い場合を**分留**(**分別蒸留**)と呼ぶ．水とメタノールの混合液体の蒸留について考えてみよう．**図 2.27** は水とメタノールの状態図であり，たとえばモル分率が 0.5 である混合溶液がある．この溶液は約 72°C で沸騰するが，その沸騰蒸気中に含まれるメタノールのモル分率は 0.8 弱となり，メタノールの含有割合が増えていることになる．こうして得られた溶液を再度加熱すると約 66°C で沸騰し，このとき発生した蒸気中のメタノール割合はさらに増加する．このように蒸留を繰り返してその濃度を上げていく方法が分留であり，そのための装置としては**図 2.28** に示したような充填塔が用いられる．この塔内には各種形状物が詰められており，塔全体がいくつもの蒸留装置からなる構造である．この**充填塔**の上部からは高純度の低沸点溶液が，一方塔下からは高純度の高沸点液体が得られる．

II 超臨界流体

温度が臨界温度以上，かつ圧力が臨界圧力以上の条件下においては，気体や液体の性質が認められないことを説明した．この条件下にある物質を超臨界流体と呼び，液体分子の状態であるが気体のようにふるまうという特徴を有する．つまり，気体のように拡散性に優れる反面，液体同様，溶質を溶かし込むことが可能である．たとえば二酸化炭素の等温曲線を**図 2.29** に示すが，図中の K が臨界点である．この図からも分かるが，二酸化炭素は比較的低圧・低温で超臨界状態を示すことに加えて，使用後は気体として回収が容易であるため，広範囲に用いられている．その応用例としては，食品・医薬分野などにおける有機溶

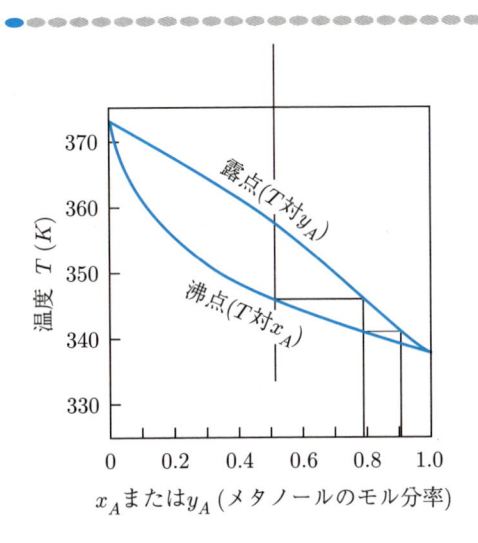

図 2.27　水-メタノール系状態図

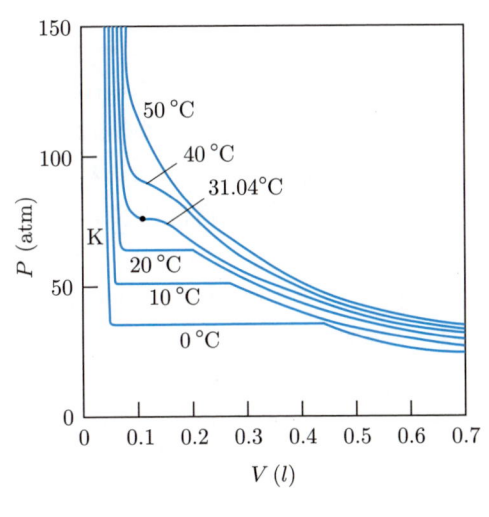

図 2.28　二酸化炭素の圧縮変化 (1mol)

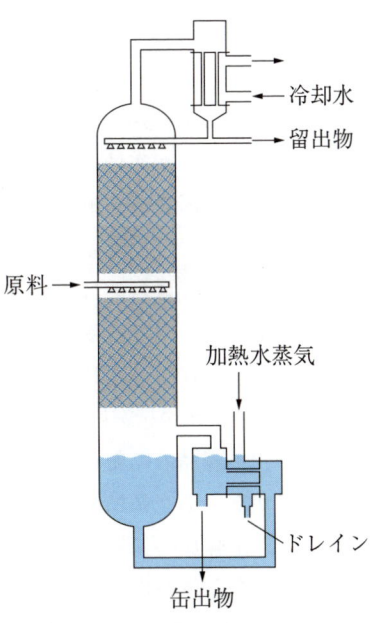

図 2.29　充填塔

剤の代替材料として反応媒体や抽出・精製に用いたり，また材料への新規形状付与材として利用される他に，殺菌ダイオキシンの除去など，主に環境に配慮した利用方法が多い．

III フリーズドドライ

水の除去方法としては，蒸発が一般的である．図 **2.30** の水の状態図をみれば，たとえば 3 重点 (4.6mmHg, 0.0075°C) 以下の圧力，温度である状態 u の水を圧力一定で温度だけを上げて状態 w にした場合には，液体を経ることなく水を取り除くことが可能であることに気がつく．実際に，加熱に弱いビタミン類などを多く含む食品から水だけを取り除く場合などに広く利用されている．フリーズドドライで乾燥した固体は分散性に優れた微細な多孔質状態の粉末であるが，水分を補給することによって速やかに元の状態に復元する．

IV 自己組織化

"ナノテクノロジー" は，知らない人がいないほど一般的な言葉となっている．21 世紀はナノテクノロジーの時代とまで言われており，その研究開発は留まるところを知らない．しかし，ナノテクノロジーが汎用な技術となるためにはその生産方法の確立が不可欠であるが，その生産方法に関する研究はほとんど行われていないのが実情である．これは扱う対象が極めて小さいために，その製造には幾多の困難が予想されるからである．このような状況ではあるが，現在，その生産方法として最も注目されているのが "自己組織化" 技術である．**自己組織化**は生体内では自然に行われている現象であり，特に注目されているのは大腸菌の**鞭毛モータ**である．これは直径 30nm ほどの大きさであり，現代の最新技術で製造されている IC チップ内のトランジスタ 1 個の大きさ (約 100nm) よりも小さく，かつ精密に動作していることが明らかになっている．しかし，これまでの化学製品の開発技術を支えてきた熱力学の多くはエネルギーや物質のやり取りがない孤立系に関する考えに基づいており，現状では生体反応に利用できない．生体反応に対して熱力学が利用できるような状況になるためにも，今後のさらなる体系化が望まれる．

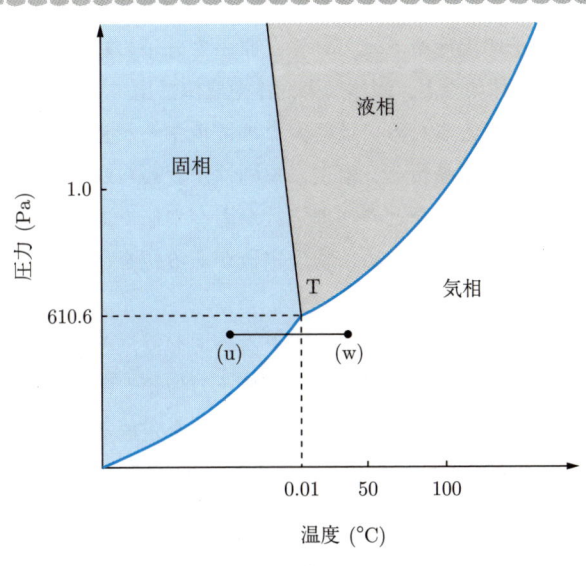

図 2.30　フリーズドドライの原理

2.4.4 固体

気体や液体は，その温度を下げていくと原子や分子の動きが止まった状態となり，最終的には固体になる．固体は，気体や液体に比べて原子や分子間の引力が大きく，その形を変えるためには莫大なエネルギーが必要となる．固体は規則正しい構造からなる**結晶質**と，構造に規則性が認められない**非晶質**とに分類される．結晶質固体は融点などの物理定数が固有の値であるのに対して，非晶質固体は組成が一定ではないために物理定数がある幅を持つなど，過冷却状態の固体と考えるべきである．

結晶は，原子が**単位格子**内の特定位置を占めており，その単位格子が整然と並んでいる状態である．結晶の形状は複雑でその種類も多いように思われるかも知れない．しかし，実際には3次元の立体形状を定めるために必要な軸の長さと軸間の角度には特定の関係があり，最終的にすべての結晶は表**2.22**に示すような7つの**晶系**に分類される．また，これら晶系が有する軸の長さと軸間の角度の間には，表に示したような関係があり，これらが**格子定数**と呼ばれる．さらに単位格子はその原子位置によって，図**2.31**に示すような14種類の空間格子に細分される．

2.4.4.1 固体の状態図

相律は，もちろん固体にも当てはまる．その一例として2成分系固体の**状態図**について考えよう．

成分は2であることから，その自由度Fは

$$F = C + 2 - P = 4 - P \tag{2.27}$$

である．なお，固体においては圧力が一定である場合が多いため，この場合には自由度が1つ減ることになる．

$$F = 3 - P \tag{2.28}$$

固体の2成分系状態図は，横軸に組成，縦軸に温度をとり，平面図形で表されるのが一般的である．その一例を図**2.32**に示す．端成分をA, Bとする2成分系状態図であり，A'以上の温度においては組成に関係なく，AとBが完全に溶け合う溶液状態であり，E点の温度以下では全く溶け合うことはないことを示している．たとえば液体Lの状態においてはP=1であるから自由度は2，つまり，温度と濃度が自由に変えられる状態である．また線分A-E，またはB-Eで

2.4 熱力学の工学的応用

表 2.22 7つの晶系と 14 のブラヴェ格子の分類

晶系	単位格子	ブラヴェ格子
三斜晶	$\alpha \neq \beta \neq \gamma \neq 90°$ $a \neq b \neq c$	P
単斜晶	$\alpha = \gamma = 90°\quad \beta \neq 90°$ $a \neq b \neq c$	P, C
斜方晶	$\alpha = \beta = \gamma = 90°$ $a \neq b \neq c$	P, I, F, C
三方晶	$\alpha = \beta = \gamma \neq 90°$ $a = b = c$	R
六方晶	$\alpha = \beta = 90°\quad \gamma = 120°$ $a = b \neq c$	P
正方晶	$\alpha = \beta = \gamma = 90°$ $a \neq b = c$	P, I
立方晶	$\alpha = \beta = \gamma = 90°$ $a = b = c$	P, I, F

注意：ブラヴェ格子とは 7 種の結晶系と 4 種の格子 (P：単純格子 (単位格子の角にだけ格子点がある場合, I：角と中心位置に格子点がある場合, F：角と面の中心に格子点がある場合, C：角と底面の中心に格子点がある場合) を組み合わせて得られる独立な単位格子である．ただし，両面体だけは R として区別する．

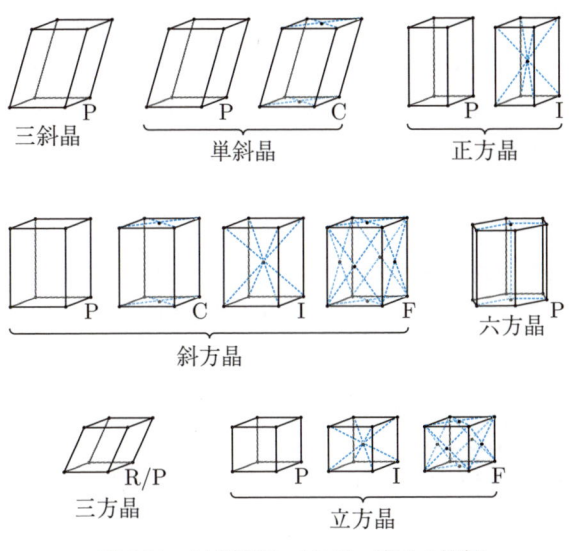

図 2.31 14 種類のブラヴェ格子の概観

表される 2 相状態においては自由度が 1 であり，温度，または組成を変えればもう一方は自ずと値が決まることになる．E は共融点であり，ここでは 2 つの固相 (A, B) と液相 (L) が生成するために自由度が 0 となり，組成と温度は不動の値になる．なお，組成 E の液相を冷却していくと，E においては次の反応が起こる．

$$L(液相) \Leftrightarrow A(固相) + B(固相)$$

つまり，E の組成を有する液相を冷却していくと，E 点において 2 種類の単成分 (A, B) が同時に析出し始め，液相すべてが消失するまで温度は変わらず，すべての凝固が終了してから温度が低下する．つまり，E 点は固相が同時に析出し始める温度であり，これを**共晶温度**と呼び，上の反応式で表される反応は**共晶反応**と呼ばれる．

2.4.4.2 一致溶融と不一致溶融

2 成分の固相状態図にもいろいろあるが，図 **2.33** で示した 2 種類の相図について考えよう．

(a) の状態図は前項の状態図が 2 つ合わさったものと理解できる．つまり，A と D を端成分とする化合物系状態図と，D と B を端成分とする状態図に分けて考える．この図において，D なる組成を有する固体を加熱していく過程を考えよう．D 組成の融点は D′ で表されているが，この温度になって始めて液相が生成する．液相が生成しても固相の組成は変わらないはずであるから，融液の組成も固体と同じであることになる．このような化合物を**一致溶融化合物**と呼び，このような溶融を**一致溶融**と呼ぶ．

一方，(b) の状態図における D 組成の化合物を加熱していく場合を考えよう．H 点まで加熱すると初めて液相が生成するが，このとき生成する液相の組成は C′ であり，元々の固相の組成とは異なっている．つまり，液相を生成した後の固相の組成も元の組成とは異なってしまうはずであり，このような化合物が不一致溶融化合物と呼ばれる．こうした溶融を不一致溶融と呼び，H 点の温度は不一致溶融温度と呼ばれる．

2.4 熱力学の工学的応用

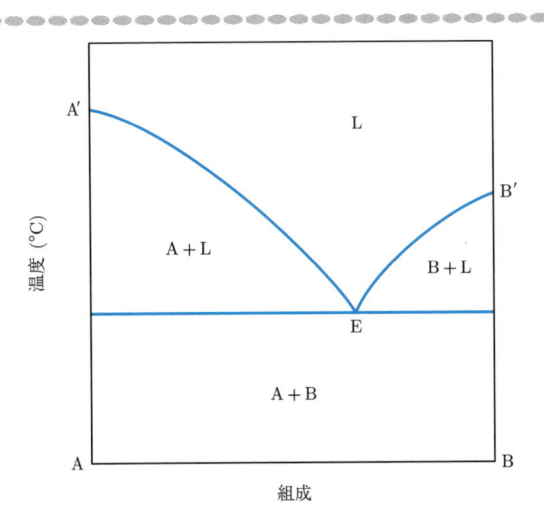

図 2.32 2成分系共融型状態図

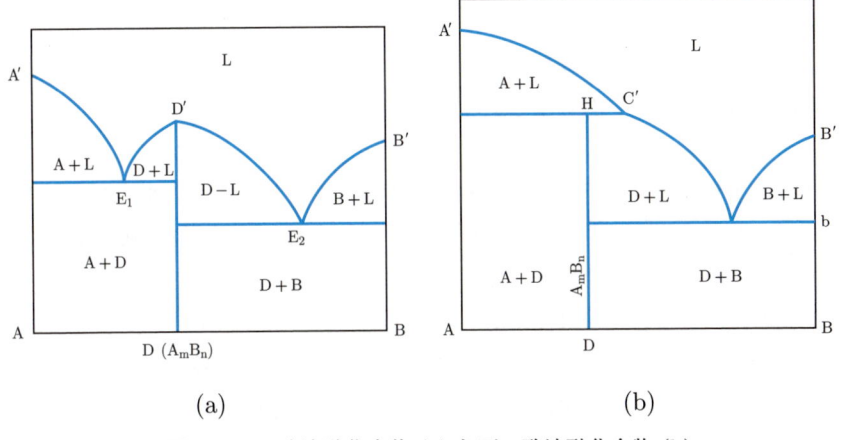

図 2.33 一致溶融化合物 (a) と不一致溶融化合物 (b)

2.4.4.3 応用:単結晶の育成,フラックス法,ムライト,安定化ジルコニア

I 単結晶の育成

単結晶は,結晶全体にわたって原子や分子が規則的に配列していることに特徴がある.ただし,単結晶も何らかの**欠陥構造**を含んでいるのが普通であり,欠陥の数が少ないものほど,高品質の単結晶ということになる.その育成方法を**表 2.23**に示す.**水熱合成法**はケイ酸を含む単結晶の製造方法として実用化されている方法の1つであり,基本的にはアルカリ溶液中における高温・高圧反応である.ただし,その育成には時間がかかり,たとえば1つの結晶育成に1か月以上を要する場合もある.**回転引き上げ法**は比較的短時間での単結晶合成が可能な方法であり,試料が入ったるつぼをヒーター中央部に置いて溶融し,この溶融液に種結晶を接触させた後,回転させながら引き上げて円柱状の結晶を生成させるものである.また,**ベルヌーイ法**は底に小さな穴を空けた容器に原料微粉末を詰め,振動を与えてその穴から微粉末を落下させ,火炎中で溶融した原料が結晶学的な規則性を持った状態で堆積することによって単結晶が得られる方法であり,これも短時間での単結晶合成が可能な方法である.結晶の方向性を整えるなどの緻密な操作を行わないために品質は落ちるが,コストを抑えた結晶の合成が可能であることから,広く利用されている.

II フラックス法

比較的手軽な単結晶合成方法であり,この方法によって作製される単結晶は多い.また,組成の変更が容易であることから,主として組成を制御する必要がある単結晶の合成に使用されている.また本方法は融液反応であるため,比較的低温における合成が可能であり,酸化物混合法では高温が必要な酸化物の微粉末の合成にも多用されている.要するに固体同士を反応させて物質を合成する場合に比べて,融液中においてはイオンの拡散速度が大きいことを利用しており,低温であることに加えて比較的合成時間も短くて済むことが最大の特徴である.ただし,融液成分が不純物として混入することは避けられず,高純度品合成の際にはその防止対策が不可欠である.

III ムライト

ムライトは $3Al_2O_3 \cdot 2SiO_2$ なる組成で表される化合物であり,共有結合が強いために高温強度が大きく,陶磁器を始め,耐火物として古くから利用されている.また,過去にはムライトが一致溶融化合物であるのか,不一致溶融化合

表 2.23 実用化されている典型的なセラミックス単結晶

結晶種	育成法	用途
水晶 (SiO_2)	水熱合成法	振動子,光回路材
LN,LT	回転引き上げ法	SAW 素子,光変調素子,周波数変換素子
KDP 族	水溶液法	音響素子,光回路材光変調素子
Al_2O_3	ベルヌーイ法,回転引き上げ法	軸受け,装飾,窓材,基板材
YAG	回転引き上げ法	固体レーザー
NaCl 族	ブリッジマン法	光回路材
BGO	回転引き上げ法	シンチレーター
Na I	ブリッジマン法	シンチレーター
LBO,CLBO	フラックス法	波長変換素子
CaF_2	ブリッジマン法	光回路素子

略称;化学式 LN:$LiNbO_3$, LT:$LiTaO_3$, KDP:KH_2PO_4, YAG:$Y_3Al_5O_{12}$, BGO:$Bi_4Ge_3O_{12}$, KTP:$KTiOPO_4$, LBO:LiB_3O_5, CLBO:$CsLiB_6O_{10}$

物であるのかという点が議論になり，それに関する研究も盛んであったが，近年は一致溶融化合物を主張する立場が一般的になっている．ただし，安定生成領域については高温であるがゆえにその確立が難しく，未だすべてが解明されたとは言えない状況である．また，その組成も上述したようなアルミナとシリカが3:2の化学量論組成物ではなく，シリカが若干過剰な化合物であることなども明らかになってきた．**表2.24**にムライト焼結体の特性を示すが，1400°Cにおいても室温と同等の強度を有しているため，一般にはカーボンなどのセラミック繊維を複合して高温構造用材料として利用されることが多い．

IV 安定化ジルコニア

ジルコニアは融点が2680°Cと高温であるため，古くから耐火物材料として利用されてきた．純粋なZrO_2の結晶構造は，温度の上昇とともに約1170°Cで単斜晶から正方晶へ，さらに2370°Cで立方晶へと変化する．特に単斜晶と正方晶の密度はそれぞれ$5.56 \times 10^{-3} kg/m^3$，$6.11 \times 10^{-3} kg/m^3$であり，その差が大きく，かつ高温形の方が高密度であるために緻密な焼結体を得ることが難しい．これは，ジルコニウムイオンが安定な8配位構造となるためには小さ過ぎることが原因であり，これを防止するためにジルコニウムイオンより大きな陽イオンでジルコニウムイオンの一部を置換する．こうして得られたジルコニアは高温安定性に優れ，耐火物としてだけでなく，様々な機能材料としても利用されるようになった．特にCa^{2+}やY^{3+}などの希土類元素でジルコニウムイオンを置換した場合には安定な立方体構造になるばかりか，結晶格子中に**酸素空孔**が生成するため，酸素イオン導電性も発現することが明らかになった．

図2.34は，各種元素で置換したジルコニアの導電率を示したものである．置換イオンによって組成が異なっているが，これはそれぞれのイオンで置換した場合に最も良好な導電性を発現した組成物の結果を示しているからである．これらの導電性は酸素イオン空孔によるものであり，将来のエネルギー源として有望な**固体酸化物形燃料電池**の電解質材料としての利用が検討されている．燃料電池の起電力発生原理を**図2.35**に示すが，排出物は水だけであるクリーンな発電方式であり，その実用化も近いと思われる．

2.4 熱力学の工学的応用

表 2.24 高純度ムライト焼結体の性質

項目	単位	性質
焼結密度	g/cm^3	3.12
曲げ強度	MPa	350(20°C)
		350(1400°C)
破壊靭性	$MPa\ m^{1/2}$	2.4
熱膨張係数	$\times 10^{-7}/°C$	45
熱伝導率	$W/m \cdot K$	5.2
熱衝撃抵抗	ΔT	300
抵抗率	$\Omega \cdot cm$	$> 10^{14}$
誘電率	—	7.2

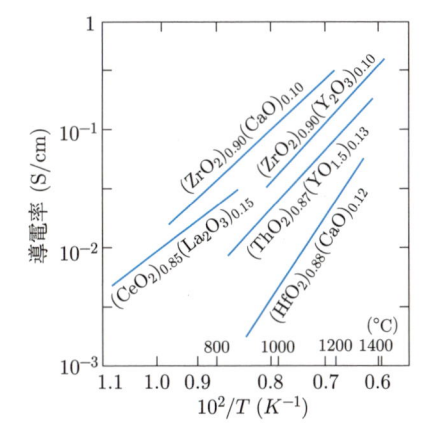

図 2.34 各種置換体の導電率

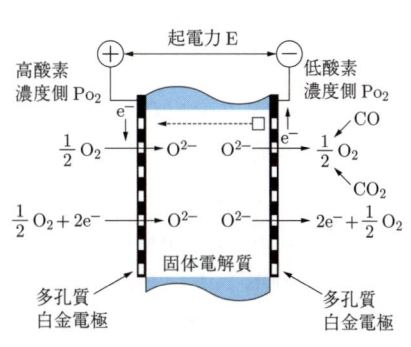

図 2.35 ジルコニア電解質の起電力発生原理

例題

[2-1] メタンの沸点は −161.6°C で，分子蒸発熱は 8.53kJ・mol^{-1} である．蒸発に伴うエントロピー変化を求めよ．

(解答) 沸点 (−161.6°C 絶対温度では 111.6[K]) においては固体のメタン 1mol が液体のメタンに変化する場合に必要な熱量が 8.53kJ である．そのときのエントロピー変化 ΔS は，エントロピーの定義式を利用して，次のように求められる．

$\Delta S = 8.53[\text{kJ/mol}]/111.6[\text{K}] = \underline{76.4[\text{J/K·mol}]}$

[2-2] 18°C における CO の定容生成熱は 123.8kJ である．同じ温度における CO の定圧生成熱 [kJ] を求めよ．

(解答) 1モルの理想気体の温度が 1°C 上昇する場合，定圧熱容量 CP と定容熱容量 CV との間には次の関係が成り立つ．

$C_P = C_V + R$

つまり，18°C(291[K]) における定圧熱容量は，

$123.8[\text{kJ}] + 8.314[\text{J/molK}] \times 291[\text{K}] = \underline{126.2[\text{kJ}]}$

[2-3] $1/2\text{N}_2(g) + \text{O}_2(g) = 1/2\text{NO}(g)$ のギブス自由エネルギー変化 ΔG は，次式で与えられる．

$\Delta G = 21600 - 2.50T$

この式を利用して，1000K における平衡定数 K_p を求めよ．

(解答) 1000K における ΔG 1000 は，上式を利用した 19.1[kJ] と求まる．この値と温度，気体定数の値 (8.314[J/K·mol]) を $\Delta G = -RT\ln K_p$ に代入して，$\ln K_p \fallingdotseq -2.30$ から $K_p = 0.10$．

[2-4] ヨウ化水素は 440°C において 20%が解離する．この温度におけるヨウ化水素の解離定数を求めよ．

(解答) $2\text{HI} = \text{I}_2 + \text{H}_2$ において，1mol の HI が 0.2mol 解離して HI, I_2, H_2 はそれぞれ 0.80, 0.20/2, 0.20/2mol ずつ生成している．つまり，このときの解離定数 K は

$K = 0.10^2/0.80^2 \fallingdotseq \underline{0.016}$

演習問題

2.1 定温・定圧下 (1.013×10^5 Pa) において，体積 $1.0\mathrm{m}^3$ の理想気体に $10.0\mathrm{kJ}$ の熱を与えると $5.0\mathrm{m}^3$ になった．このときの内部エネルギーの変化量 (ΔU) とエンタルピーの変化量 (ΔH) を求めよ．

2.2 次の文中の括弧内に適切な言葉を入れよ．

断熱変化の場合には $\boxed{(ア)}$ の出入りがないため，系になされた仕事はすべて内部エネルギー U に変化する．その変化量を ΔU とすると
$$\Delta U = \boxed{(イ)}$$
であり，理想気体の内部エネルギー変化量 ΔU は
$$\Delta U = -P\Delta V = \boxed{(ウ)} \times \Delta V$$
となり，内部エネルギーの変化量は温度の関数として表される．

2.3 [2-2] で得られた式を用いて，体積が V_1 から V_2 へ増加したときに系がした仕事量 ΔU を表す式を求めよ．また，得られた式を用いて，20ℓ の理想気体 1mol が $27°\mathrm{C}$ において等温膨張して 30ℓ になった場合に系が外部に対して行った仕事量 [kJ] を求めよ．ただし，計算に必要な数値は各自が見つけ出すこと．

2.4 $27°\mathrm{C}$，$0.101\mathrm{MPa}$ における理想気体 10ℓ を断熱圧縮して 1.0ℓ にした場合の気体の温度を求めよ．また，そのときの仕事の内容を説明せよ．ただし，定容熱量容 $C\mathrm{v}$ と定圧熱容量 $C\mathrm{p}$ はそれぞれ，$12[\mathrm{J/K \cdot mol}]$，および $20[\mathrm{J/K \cdot mol}]$ であるとする．

3 電気化学

3.1 電気化学的な現象
3.2 電解質の導電率
3.3 電極と電位
3.4 実用電池

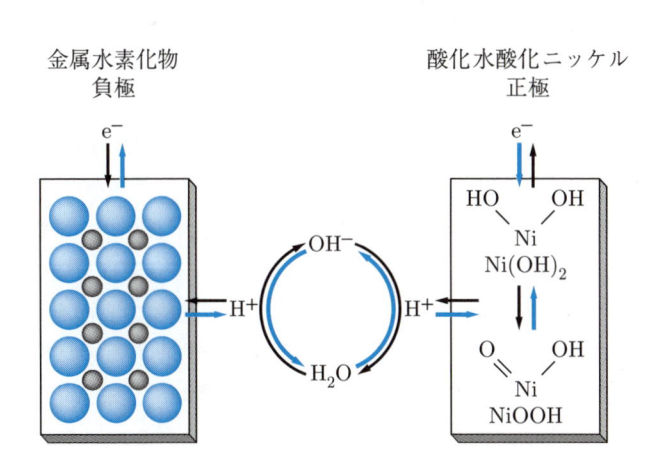

金属水素化物
負極

酸化水酸化ニッケル
正極

○ 金属 → 充電
● 水素 → 放電

ニッケル水素電池の模式図

3.1 電気化学的な現象

3.1.1 金属のサビ

　金属が錆びるときは，**金属の酸化**を伴う．この反応自体は一見単純に思われるが，詳細にそのメカニズムを調べると，意外と複雑な**電気化学的現象**であることが分かる．たとえば，**鉄サビ**を例に取りあげて考えてみよう．

　中性の水中に鉄を入れて放置しておくと，水と空気の境界のところから次第に赤みを帯びてくる．さらに放置すると，変色部分が増えて厚みも増してくる．同時に，赤色から黒色へ変色する部分も現れるようになる．この現象を図 **3.1** の模式図を用いて考える．鉄の表面では，鉄が酸化されイオン化して水中に溶け出す次式で表される**鉄の酸化反応**が起きる．

$$2Fe \rightarrow 2Fe^{2+} + 4e^- \tag{3.1}$$

同時に，生成した酸素，水および電子が反応して，次の還元反応が起きる．

$$O_2 + 2H_2O + 4e^- \rightarrow 4OH^- \tag{3.2}$$

2 つの反応式を合わせると，次式の水酸化鉄 (II) が生成する反応となる．

$$2Fe + O_2 + 2H_2O \rightarrow 2Fe(OH)_2 \tag{3.3}$$

生成する水酸化鉄 (II) は淡緑色であるが，非常に酸化しやすく，水と空気が存在する境界面では，直ちに次の酸化反応が進行して水酸化鉄 (III) が生成する．

$$2Fe(OH)_2 + H_2O + 1/2 O_2 \rightarrow 2Fe(OH)_3 \tag{3.4}$$

この水酸化鉄 (III) は赤褐色である．さらに，時間の経過とともに褐色から黒色を帯びた**酸化水酸化鉄**（$\mathbf{FeOOH}$）や，赤褐色の**水和酸化鉄**（$\mathbf{Fe_2O_3 \cdot nH_2O}$）に変化するので，赤色から黒褐色あるいは赤褐色などと多様な変化をする．

　鉄が錆びる現象は，表面が凹凸になったり強度が低下したりして性質が劣化するので，一般的には**腐食**と呼ばれて金属の欠点とされる．腐食を防止する代表的な方法は，他の金属によるメッキである．これは他の金属で表面を覆い，酸素や水を金属表面に接触させないことで，サビの進行を防止あるいは抑制するものである．どのような金属をメッキするかを決めるときにも，電気化学的な考え方が役に立つ．たとえば，図 **3.2** に示すように，鉄には亜鉛メッキ（トタン）がよく使われる．亜鉛は鉄よりもイオン化傾向が大きいために，$Zn \rightarrow Zn^{2+} + 2e^-$ により電子を放出し，亜鉛から鉄に電子が受け渡される．この電子が鉄の酸化を防止するので，鉄サビの生成が抑制される．

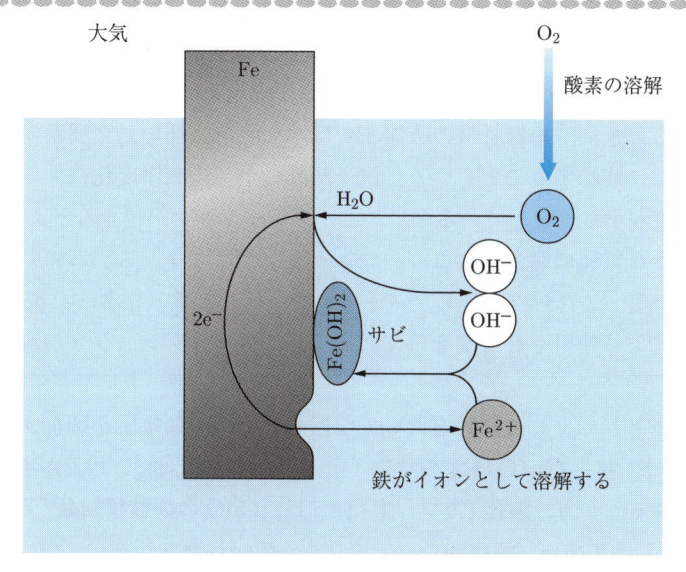

3.1 電気化学的な現象

図 3.1 鉄サビの進行による腐食

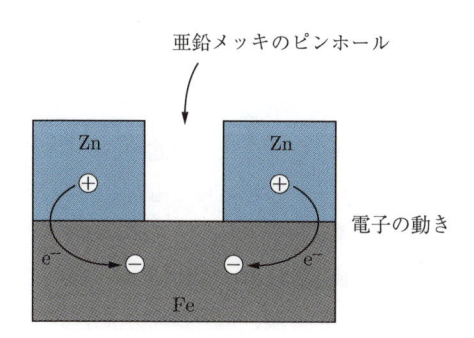

図 3.2 亜鉛メッキによる鉄サビの抑制

鉄素地上亜鉛メッキの腐食電流
（亜鉛が陽極・鉄が陰極となり亜鉛から鉄へ電子が流れるので鉄は腐食しにくい）

3.1.2 金属のマイグレーション現象

金属の**マイグレーション現象**とは，金属箔，金属メッキあるいは金属導電塗料などが，電圧を印加したとき，あるいは電流を流したときや，種々の絶縁材料と接しているときに，絶縁材料の吸湿または水の吸着に伴い，金属が絶縁材料の表面や内部に移動することをいう．電子部品の小型化高密度化に伴い，金属部品間の距離が小さくなっているので，マイグレーションが起きると，図 **3.3(a)** で示すような電極の腐食が起こり，ショートなどによりシステムの致命的な破壊につながる．これらは印加した電圧や水が関係した電気化学的な現象である．電子回路によく使用される銅を例にとって，このマイグレーション現象を考えてみよう．

銅を電極として少しの間隔をおいて配置し，その間に電圧を印加すると，**陽極**(アノード) 側に $Cu(OH)_2$ のコロイドが生成すると同時に酸素が生成するのが観察される．一方，**陰極**(カソード) 側には，CuO の**樹枝状結晶**(デンドライト)が生成し，アノード側に向かって成長するのが観察される．この現象は次のように説明される．

銅電極間に電圧が印加され水が存在すると，銅の電離と水の解離が起きる．

$$Cu \rightarrow Cu^{2+} + 2e^- \tag{3.5}$$

$$H_2O \rightarrow H^+ + OH^- \tag{3.6}$$

銅イオンと水酸化物イオンが反応すると，**水酸化銅** (II) の結晶が生成する．この反応自体はアノード，カソードのどちらでも起こり得る．

$$Cu^{2+} + 2OH^- \rightarrow Cu(OH)_2 \tag{3.7}$$

また，アノード付近には水酸化物イオンが引き寄せられているので，水の電解電圧以上の電圧が印加されていると，次の反応が進行して酸素が生成する．

$$2OH^- \rightarrow H_2O + 1/2 O_2 + 2e^- \tag{3.8}$$

一方，カソード付近では，水素イオンが引き寄せられているので，次の反応が進行して水素が生成する．

$$2H^+ + 2e^- \rightarrow H_2 \tag{3.9}$$

このときにカソード側に $Cu(OH)_2$ が存在すると，(3.10) 式で表される反応が起こり，図 **3.3(b)** に示すように CuO 結晶の成長が観察される．

$$Cu(OH)_2 \rightarrow CuO + H_2O \tag{3.10}$$

ただし，実際に起こる反応は複雑で，詳しい機構は未解明である．

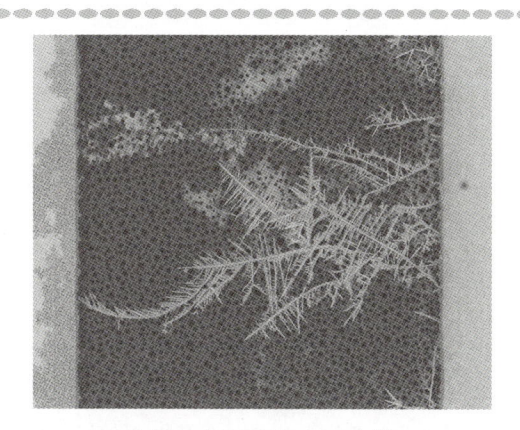

(a) マイグレーションの例
出典：ESPEC CORP. TECHNICAL REPORT (エスペック株式会社 技術情報誌)
(注：著作権その他の権利はすべてエスペック株式会社に帰属します)

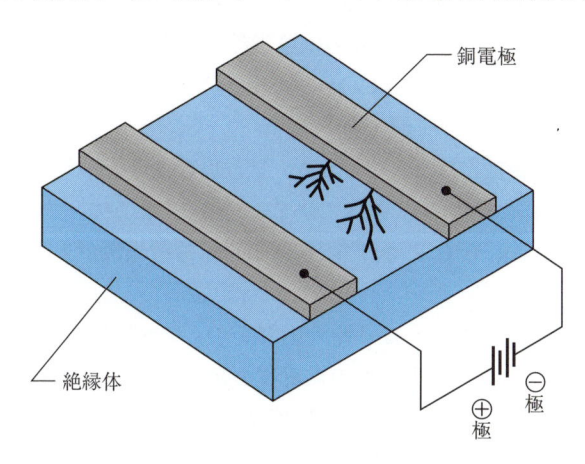

(b) マイグレーションの模式図

図 **3.3** マイグレーション

3.1.3 電解質溶液中の拡散と速度論

活発に**光合成**をしている植物の葉の中の二酸化炭素濃度は,大気中の約半分といわれている.この濃度差により,大気中のCO_2は葉の表面にある気孔を通って葉の内部に流入する.葉の中に入ったCO_2は,まずは**細胞間隙**と呼ばれる細胞と細胞との隙間(気相)に入り込み,さらに細胞の内部(液相)へと拡散していく.これは自然界の**拡散現象**の例である.第4章で詳しく説明されるが,図 **3.4** においてCO_2の移動速度 J は,気孔の内と外でのCO_2濃度の勾配に,**拡散係数 D** と呼ばれる数値をかけたものになる.したがって,CO_2の濃度勾配が大きいほど拡散速度 J は速くなる.また,CO_2の移動速度は,実は光合成の速度と捉えることもできる.

この現象の工学応用例としては,ビニールハウスなどでCO_2濃度を制御し,通常の大気よりも高いCO_2濃度で農作物を栽培することで収穫量を上げる,というアプローチが行われており,2004年には図 **3.5** に示すように,大阪ガスが発電で発生したCO_2を農業利用する実証実験を開始すると発表している.CO_2濃度を高めることで,葉内へのCO_2の拡散を促進して光合成速度を加速させていると理解できる.

ところで,拡散係数とはなんだろうか.拡散係数は分子の大きさ,周囲の環境(液相の場合は液体の粘性率),温度で決まる.濃度勾配がないときの拡散係数を**自己拡散係数**といい,0°C におけるH_2Oの自己拡散係数が$1.00 \times 10^{-9} [m^2/s]$である.

電解質溶液の場合,たとえば細胞の内部をイオンが拡散する場合などは,拡散係数はより複雑になる.大過剰の電解質を含む溶液中で少量のイオンが拡散する系での拡散係数は,**トレーサー拡散係数**と呼ばれている.

同じ溶液中でも,拡散するイオンの種類によってトレーサー拡散係数は全く異なる.たとえば,0.1MNaCl 溶液中での水素イオン(H^+)のトレーサー拡散係数は$8.00 \times 10^{-9} [m^2/s]$であるが,ナトリウムイオン($Na^+$)の場合は,$1.30 \times 10^{-9} [m^2/s]$である.

拡散現象は溶液中や気体中だけでなく,固体中でも発生する.リチウムイオン電池が1つの例である.リチウムイオン電池の充電・放電の際にはリチウムイオンが電極中で拡散するのだが,この拡散現象をうまく制御する技術が,電池の性能を良くするためのキーテクノロジーになっている.

3.1 電気化学的な現象

CO_2 の濃度 C_1

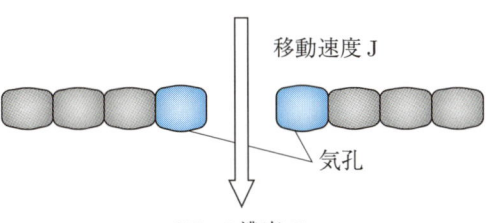

移動速度 J

気孔

CO_2 の濃度 C_2

図 3.4 CO_2 の拡散モデル

図 3.5 発電で生じた二酸化炭素を利用した農業用トリジェネレーションシステム
写真提供：大阪ガス株式会社 エネルギー事業部 計画部
(注：著作権その他の権利はすべて大阪ガス株式会社に帰属します)

3.1.4 電気化学滴定

滴定というと，まずは酸とアルカリの**中和滴定**が思い浮かぶ．もう少し実用的な例をあげると，図 **3.6** に示す生体に必須なアミノ酸の1つである**アラニン**の**酸解離平衡**が分かりやすい．アラニンはカルボキシル基とアミノ基を持った分子である．カルボキシル基の酸解離平衡は，

$$COOH \Leftrightarrow COO^- + H^+ \tag{3.11}$$

となる．アミノ基についても，同様に考えることができる．ここで**酸解離定数** Ka を定義すると，

$$Ka = \frac{[H^+][COO^-]}{[COOH]} \tag{3.12}$$

Ka の対数の逆数 pKa も酸解離定数と呼ばれる．

$$pKa = -\log[H^+] - \log\frac{[COO^-]}{[COOH]} = pH - \log\frac{[COO^-]}{[COOH]} \tag{3.13}$$

さて，アラニンのカルボキシル基とアミノ基の pKa はそれぞれ 2.35, 9.69 である．つまり，pH=2.35 のとき，$-COO^-$ と $-COOH$ の割合が同じになる．また，pH=9.69 のとき，$-NH_2$ と $-NH_3^+$ の割合が同じになる．

(3.13) 式と図 **3.7** をよく見ると，pH の変化に対して $-COO^-$ と $-COOH$ の割合は指数関数的に変わることが分かる．およそ pH=4.5 よりアルカリ側であれば $-COOH$ はほぼすべて $-COO^-$ となっているし，pH=7.5 より酸側では $-NH_2$ はほぼすべて $-NH_3^+$ になる．つまり，$HOOCCH(CH_3)NH_2$ というカルボキシル基とアミノ基の両方とも解離していない状態はありえない，ということである．

アラニンの水溶液はほぼ中性だが，それは解離が起こっていないのではなく，両方の基が解離した両性イオンと呼ばれる状態だと考えられる．このことはアラニンが水に溶けやすく融点が高い，という性質を持つ原因である．

工業製品の例として高分子電解質を考えると，挙動はより複雑である．たとえば金属の表面処理などに用いる図 **3.8** に示すポリアクリル酸は酢酸が重合した構造，すなわちカルボキシル基が連なった構造を持つ．ポリアクリル酸をアルカリ側に滴定していくと，徐々に $-COOH$ が $-COO^-$ へと解離していくが，カルボキシル基同士が隣接しているため互いに影響を及ぼす．その結果，単純な分子では一定であるはずの酸解離定数 pKa は，定数ではなくなってしまう．ましてや，蛋白質などの生体高分子は，極めて複雑な**解離曲線**を示すことになる．

3.1 電気化学的な現象

酸性 → アルカリ性

HOOC-CH-NH₃ ⇌ ⁻OOC-CH-NH₃⁺ ⇌ ⁻OOC-CH-NH₂
　　|　　　　　　　　|　　　　　　　　|
　　CH₃　　　　　　　CH₃　　　　　　　CH₃

両性イオン
HOOC-CH-NH₂
　　|
　　CH₃

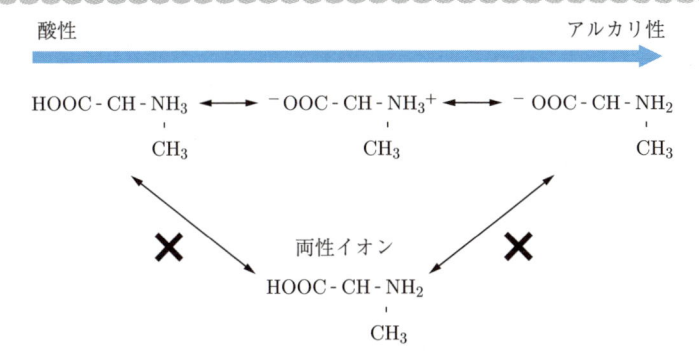

図 3.6 必須アミノ酸であるアラニンの酸解離状態
pH が中性付近では両性イオンの状態と考えられる

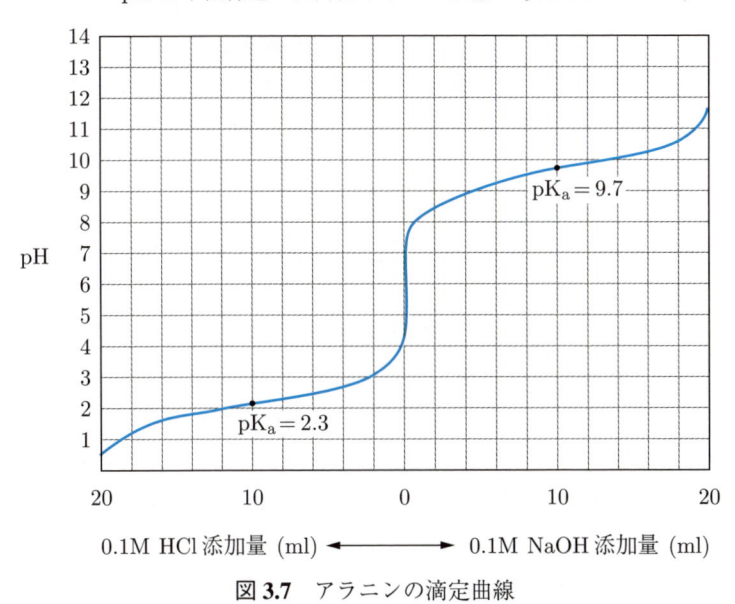

図 3.7 アラニンの滴定曲線
（pH 軸、0.1M HCl 添加量 (ml) ← → 0.1M NaOH 添加量 (ml)、$pK_a = 2.3$、$pK_a = 9.7$）

……-(CH-CH₂)-(CH-CH₂)-(CH-CH₂)-……
　　　|　　　　　|　　　　　|
　　COOH　　　COOH　　　COO⁻

図 3.8 ポリアクリル酸の分子構造と電離
カルボキシル基が隣接しているために複雑な滴定結果を示す.

3.1.5 膜を介した平衡論

たとえば，自動車の車体表面の塗装膜などは，膜の外側と内側を完全に遮断することを目的としたものだから，膜を介して分子などの移動が起こることは想定していないのだろう．通るとすれば電子とか熱といったところだろうか．

しかし，ある分子をある条件で透過させることを前提とした膜もあって，いろいろな目的で使われている．たとえば高分子材料なら点滴に使う**透析膜**や各種フィルター，生物材料なら**細胞膜**や皮膚などが挙げられる．ただ遮断するのでなく，あるいはただ素通りさせるのではなく，都合のいいときだけ分子を通すような膜であれば，工学利用がしやすい．

こうした機能性の膜を介した分子の移動は，受動輸送と能動輸送とに分類できる．受動輸送とは，たとえば膜を介して濃度の異なるガスや溶液があるとき，図 3.9 に示すように濃い方から薄い方に分子が移動していく現象である．これは拡散現象そのものである．膜の両側での物質濃度を C_1, C_2 とすると，拡散の移動速度 J は

$$J = -P(C_2 - C_1) \tag{3.14}$$

と書ける．このとき P は**膜透過係数**と呼ばれる，膜の性質によって決まる係数である．膜の両側で濃度差が大きく，膜透過係数が大きいと速く拡散する，というのは直観的にも当然であろう．

能動輸送は受動輸送とは逆に，濃度の薄い方から濃い方に分子が流れる現象のことである．生物の細胞膜ならこれは朝飯前の仕事で，ナトリウムイオンやカルシウムイオンなどを，きちんと種類を区別しながら濃度に逆らって細胞の中から外へ，外から中へと移動させるシステムを持っている．これにはエネルギーが必要で，たとえば，アデノシン 3 リン酸 (ATP) を分解することで輸送に必要なエネルギーを確保している．

工学という視点で考えるとき，能動輸送を人工的な膜で行うことはできるのか，は興味深い課題である．これは容易なことではないが，**人工光合成**研究の最新テーマの1つである．最近の研究例では，図 3.10 に示すカロテノイド，ポルフィリンなど生物の光合成関連分子を加工して人工膜に埋め込むことで人工光合成を実現，この人工光合成膜を介したカルシウムイオンの能動輸送に成功したとの報告がある．

3.1 電気化学的な現象

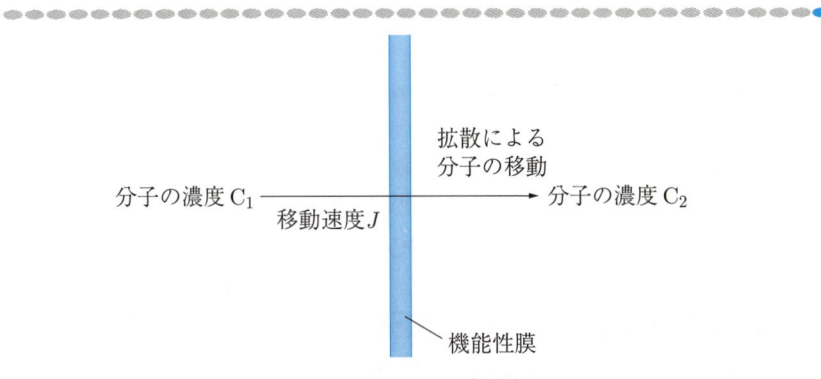

図 3.9 膜を介した受動輸送

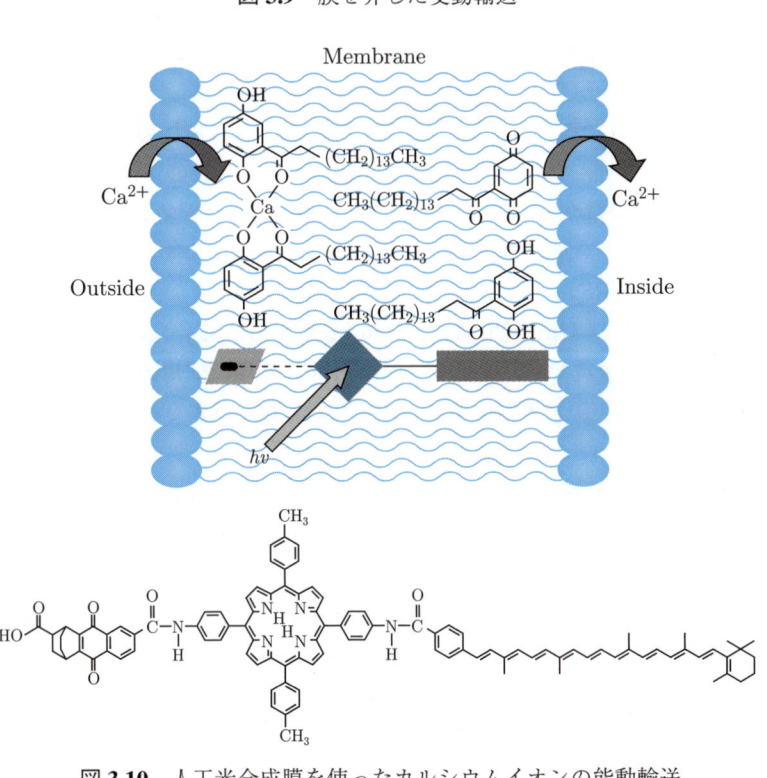

図 3.10 人工光合成膜を使ったカルシウムイオンの能動輸送
出典 Nature. 2002Nov. 28;420(6914):398-401.

3.2 電解質の導電率

20世紀初頭にアレニウス (**Arrhenius**) は，**電解質**が電離して水中に存在しているとする仮説をたてた．現在では，電解質は水中で陽イオンと陰イオンに解離しており，電界を印加するとそれらのイオンが移動して，電気伝導性を生じることはよく知られている．電解質の挙動を定量的に考えるには，イオン濃度と導電率 (電気伝導度) の間の量的関係を知る必要がある．

3.2.1 溶液の導電率

図 3.11 に示す一様な組成を持つ電解質水溶液 (食塩水など) の液柱 AB において，AB 間に電位差 V を印加したとき，その断面 S の垂直方向に電流 I が流れたとする．溶液中でも，導電率は (3.15) 式に示すオームの法則に従う．

$$V = IR = (I\rho\ell)/S \tag{3.15}$$

ここで，R は液柱の電気抵抗，ℓ は AB 間の距離，S は液柱の断面積，ρ は水溶液の抵抗率 (比抵抗) である．導電率を問題にするときには，抵抗率 ρ よりも次式で与えられる**導電率** κ (固体の場合は，σ を用いることが多い) を用いる方が便利である．

$$\kappa = 1/\rho = \ell/(RS) \tag{3.16}$$

抵抗率の SI 単位は Ωm (慣用的に，Ωcm も用いられる)，導電率の SI 単位は Sm^{-1} (S は Ω の逆数であり，ジーメンスと呼ばれる．慣用的に Scm^{-1} も用いられる) である．実際に導電率を測定するには，図 3.12 で示すような装置を用いる．

電解質水溶液中で電荷を運ぶのは，水溶液中のイオン (またはイオンの集団であるイオンクラスター) である．したがって，電解質水溶液中の導電率は，水溶液中のすべてのイオンの濃度およびイオンの動きやすさ (**移動度**) に比例する．よって，導電率は次式により与えられる．

$$\kappa = N|z|e\mu \tag{3.17}$$

ここで，N は単位体積中のイオンの濃度，z はイオンの価数，e は電子の持つ電荷量，μ は移動度である．移動度は単位電界中のイオンの移動速度として，次のように定義される．

$$\mu = v/(V/\ell) \tag{3.18}$$

ここで，v はイオンの移動速度，V/ℓ は電位勾配である．したがって，μ の単位は $m/s/V/m = m^2/sV$ (慣用的に，cm^2/sV も用いられる) となる．

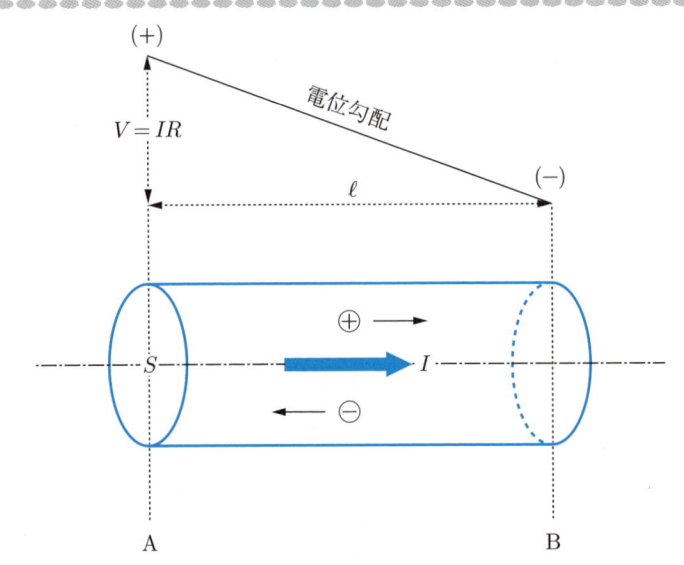

図 3.11　溶液の導電率

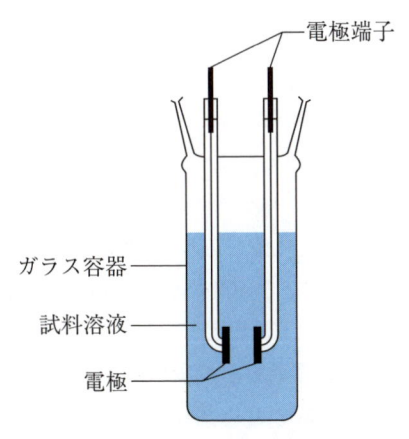

図 3.12　導電率の測定装置

3.2.2 導電率と溶液の濃度

溶液中に複数のイオンが存在するとき，任意の i イオンについて (3.17) 式が成立するので，濃度 c_i をモルで表し**ファラデー定数** F を用いて書き換えると，

$$\kappa = \Sigma |z_i| F \cdot c_i \cdot \mu_i \tag{3.19}$$

となる．たとえば，完全に電離している $1\text{mol}/\ell$ の食塩水溶液では，

$$\kappa = F(\mu_{Na^+} + \mu_{Cl^-}) \tag{3.20}$$

となる．イオン i の移動度，価数の絶対値およびファラデー定数 F の 3 つの積をイオン i のモル導電率 λ_i という．

$$\lambda_i = |z_i| F \mu_i \tag{3.21}$$

イオン導電率を使うと，水溶液の導電率は次式で与えられる．

$$\kappa = \Sigma c_i \lambda_i \tag{3.22}$$

導電率の SI 単位は，$\text{Sm}^{-1}/(\text{mol m}^{-3}) = \text{Sm}^2/\text{mol}$ となる．ただし，慣用的には Scm^2/mol で表すことが多い．

溶液中の電解質の導電率は，周囲の環境がイオンの動きやすさに影響を及ぼすので，電解質の濃度に依存する．たとえば，食塩水溶液などの電解質水溶液の導電率は，**図 3.13** のように変化する．このとき，次式が成立する．

$$\kappa_{NaCl} = c_{Na^+} \lambda_{Na^+} + c_{Cl^-} \lambda_{Cl^-} \tag{3.23}$$

水溶液中で完全にイオン化していると，$c_{Na^+} = c_{Cl^-} = c_{NaCl}$ である．したがって，導電率は次式で与えられる．

$$\kappa_{NaCl} = c_{NaCl}(\lambda_{Na^+} + \lambda_{Cl^-}) \tag{3.24}$$

ところで，導電率を濃度で割った値を**モル導電率** Λ といい，電解質 A に関しては，次のように表す．括弧内に，NaCl の場合の例を示す．

$$\Lambda_A = \kappa_A / c_A \ (= \lambda_{Na^+} + \lambda_{Cl^-}) \tag{3.25}$$

濃度が増大すると各イオンの導電率が減少することは，イオンの数が増すとイオン間の相互作用が大きくなることを意味する．逆に濃度を減少すると，イオン同士の距離が増大し相互作用は減少すると考えられる．これから，濃度を極限的に小さくしたときの仮想的な値である**無限希釈導電率** Λ^∞ が考え出された．

$$\Lambda_A^\infty = \lim_{c \to 0}(\kappa_A/c_A) \ (= \lambda_{Na^+}^\infty + \lambda_{Cl^-}^\infty) \tag{3.26}$$

実験により各濃度で得られた導電率を，濃度無限小に外挿すると得られる各イオンの無限希釈導電率を**表 3.1** に示す．

3.2 電解質の導電率

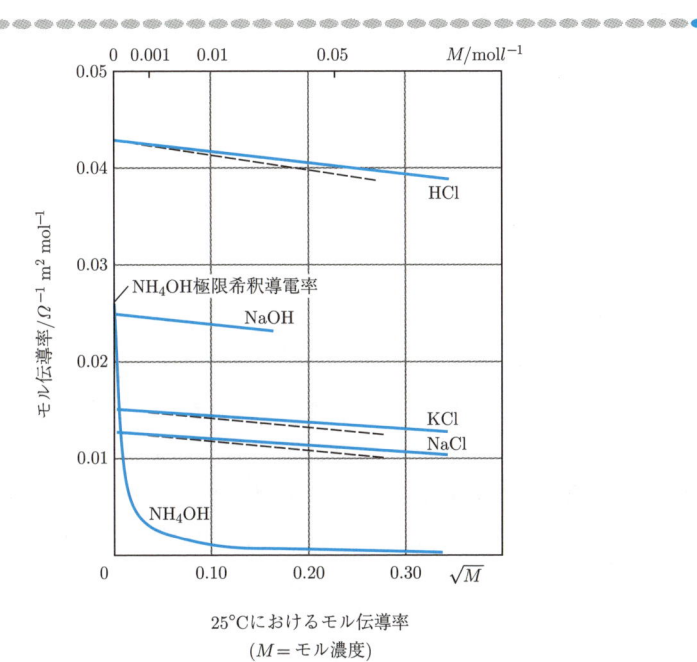

図中ラベル: HCl, NH$_4$OH極限希釈導電率, NaOH, KCl, NaCl, NH$_4$OH

25°Cにおけるモル伝導率
($M=$モル濃度)

図 3.13 NaCl 水溶液の導電率の濃度依存性

表 3.1 25°C における各種イオンの無限希釈導電率 λ^∞

イオン	λ^∞/Scm^{2}mol^{-1}	イオン	λ^∞/Scm^{2}mol^{-1}
H$^+$	349.8	OH$^-$	197.6
Li$^+$	38.7	F$^-$	55.4
Na$^+$	50.1	Cl$^-$	76.3
K$^+$	73.5	I$^-$	76.8
Ag$^+$	61.9	NO$_3^-$	71.4
1/2Mg^{2+}	53.1	1/2SO$_4^{2-}$	80.0
1/2Ca^{2+}	59.5	CH$_3$COO$^-$	40.9
1/2Sr^{2+}	59.4	ClO^{4-}	67.4
1/2Ba^{2+}	63.6	MnO^4	61.5
1/2Cu^{2+}	53.6	HCO$_3^-$	44.5
1/2Zn^{2+}	52.8	1/2CO$_3^{2-}$	69.3
1/2Co^{2+}	55.0	1/2C$_2$O$_4^{2-}$	74.2

3.2.3 イオンの移動度と輸率

電解質水溶液中を流れる電流には，溶液中に存在するすべてのイオンが寄与している．そのとき，移動度の大きいイオンはより多くの電荷を運ぶことになるので，その寄与率は大きくなる．電流が流れるときに，注目しているイオン i によりどんな割合で電流が運ばれるかを表す量を**輸率**と呼び，次式で表す．

$$t_i = |z_i|Fc_i\mu_i/\Sigma|z_i|Fc_i\mu_i = c_i|z_i|\lambda_i/\Sigma c_i|z_i|\lambda_i \tag{3.27}$$

したがって，イオンの価数，濃度および移動度が大きいほど輸率は大きくなる．また，輸率の総和は 1 であり，他のイオンとの相対的な関係で決まる量である．

簡単にイオンの輸率を求める方法として，図 **3.14** に示すヒットルフ (**Hittorf**) のセルを用いる方法がある．電解質中に電流を流すことにより，陽陰両極付近のイオンの濃度差を生じさせ，その変化量を調べて輸率を求めるものである．セルを 3 つに仕切って各セル中のイオンの濃度変化を調べる．例として，3mol/ℓ の強電解質 MX(ともに一価のイオンとする) 水溶液を考える．(3.27) 式より，

$$t_{M^+} = 3\mu_{M^+}/(3\mu_{M^+} + 3\mu_{X^-}) = \mu_{M^+}/(\mu_{M^+} + \mu_{X^-}) \tag{3.28}$$

ここで，$\mu_{M^+} = 3\mu_{X^-}$(陽イオンの方が陰イオンよりも 3 倍速く動く) とすると，$t_{M^+} = 3/4$ となる．また，$t_{X^-} = 1/4$ であるので，$\mu_{M^+}/\mu_{X^-} = 3$ となり $t_{M^+}/t_{X^-} = 3$ である．すなわち，移動度の比は輸率の比となる．

図 **3.15(a)** に示す 3 つの等体積で仕切られた**電気分解装置**を例に取って，具体的な輸率の決定法を考えてみよう．電気分解前では，水溶液中に陽イオンと陰イオンが同数存在している．このとき流す電荷量を 4F とすると，陰極で + イオンが 4mol 反応し，陽極では − イオンが 4mol 反応して，析出やガスの発生などにより消費される．一方，+ イオンは陰極側へ − イオンよりも 3 倍速く移動するので，陰極付近には + イオンが − イオンの 3 倍量存在する．一方で，陽極付近には − イオンが移動してくるが，その量は + イオンの移動した量の 1/3 である．図 **3.15(b)** に電気分解後のイオンの濃度を模式的に示す．電気分解後の四角で囲んだイオンは，電界により移動したイオンを表す．陽極側で減少したイオンの量：陰極側で減少したイオンの量 = 3：1 となり，これは移動度の差に起因している．すなわち，陽極側のイオンの減少量 Δn^+ と陰極側のイオンの減少量 Δn^- を用いると，次式が成立する．

$$\Delta n^+/\Delta n^- = 3 = t_{M^+}/t_{X^-} \tag{3.29}$$

こうして，両極のイオン濃度を測定すると，移動度の比が測定できる．

3.2 電解質の導電率

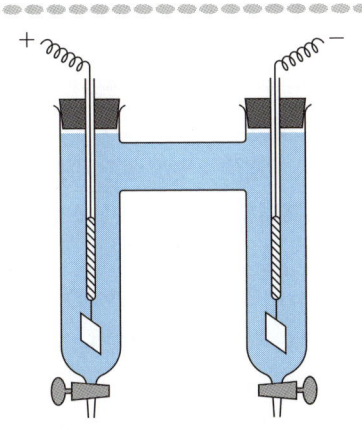

図 3.14 ヒットルフセルの模式図

(a) 電気分解前の状態

(b) 電気分解後の状態

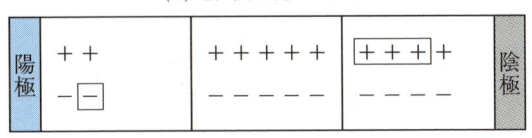

図 3.15 イオン輸率の測定例

● 3.3 電極と電位 ●

3.3.1 電池の起電力 (1)

電気化学的な現象で記したように，金属にはイオンになりやすいものとなりにくいものがある．その結果，電位を支配する因子である電子の濃度に差が生じることによって，2つの金属間に**電位差**が生じる．これが最も単純化した電池の**起電力**の原理である．

たとえば，図 3.16(a)，(b) に示す**ダニエル (Daniell) 電池**について考えよう．電池を表す記号では，ダニエル電池を次のように表す．

$$Zn(s)|ZnSO_4(aq) : CuSO_4(aq)|Cu(s) \tag{3.30}$$

ここで，縦実線は固体 (s) と水溶液 (aq) の境界を，縦点線は液体間の界面を表す．実際には，電流を取り出すための端子が必要であるが，通常は省略される．また，2種類の液体間には液体は簡単に混合しないが，イオンが通過することができるような多孔質の隔壁を設置する．この場合イオンは通過できるので，両方の水溶液は電気的に連結されているといえる．しかし，この隔壁をイオンが通過するときに抵抗を受けるので，**界面抵抗**は存在する．ところで，亜鉛の方が銅よりもイオンになりやすいので，亜鉛の電位は，銅に対して相対的に負の電位を持つ．この亜鉛の電位は，その内部電位のことを意味している．内部電位とは，真空中で無限遠のところからその物質の表面の影響が及ばない内部まで点電荷を運ぶのに要する仕事として定義される電位であるが，特に断りがない限り，電位は内部電位を表すと考えてよい．

次に，この電池の起電力 U を次式で定義する．

$$U = E_{right}(右電極電位) - E_{left}(左電極電位) = E_{Cu} - E_{Zn} \tag{3.31}$$

同じ電池を (3.32) 式で表した場合は，起電力 U' は (3.33) 式で表される．

$$Cu(s) | CuSO_4(aq) : ZnSO_4(aq)|Zn(s) \tag{3.32}$$

$$U' = E_{right} - E_{left} = E_{Zn} - E_{Cu} = -U \tag{3.33}$$

したがって，左右の電極を入れ換えると，全く同じ電池でも符号が逆転することに注意を要する．ここでも端子は省略されているが，実際には同じ物質 (金属) の端子を用いて，両端の電位差 U を測る．同じ相の間の電位差は正確に測定可能であるが，異なる相の間の電位差は正確に測定することができないので，同じ金属の端子を用いて電位の差を知る必要がある．

3.3 電極と電位

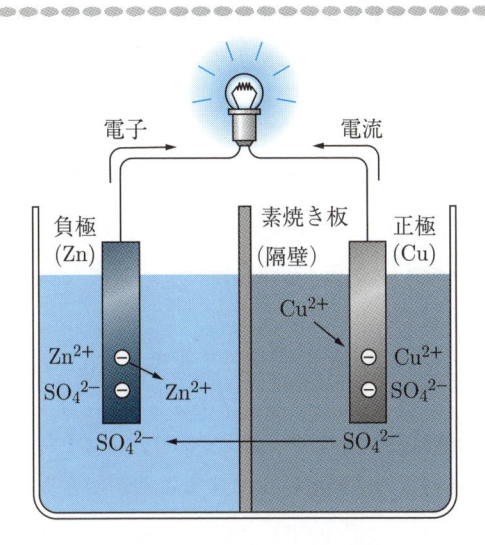

(a) ダニエル電池の模式図

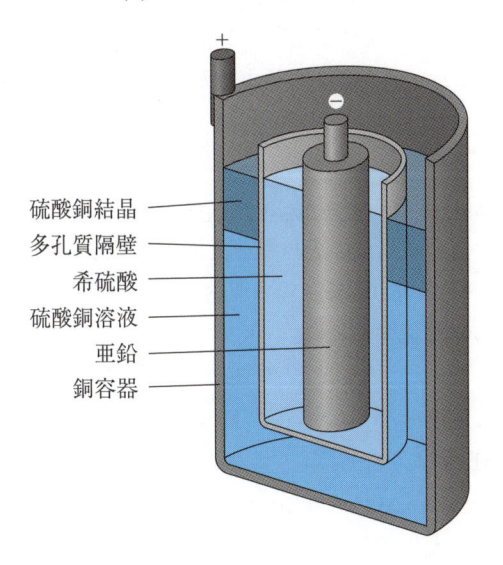

(b) ダニエル電池の構造の例

図 **3.16** ダニエル電池

3.3.2 電池の起電力 (2)

ダニエル電池を用いて，電池の起電力を熱力学的に考えてみよう．電池の反応は，次式で表される．

亜鉛電極側： $Zn \Leftrightarrow Zn^{2+} + 2e^-$ (3.34)

銅電極側： $Cu \Leftrightarrow Cu^{2+} + 2e^-$ (3.35)

ここで，図 **3.17** および表 **3.2** に示すように，亜鉛は銅よりもイオン化傾向が大きく陽イオンになりやすいので，電池全体の反応は次式で表される．

$Zn + Cu^{2+} \Leftrightarrow Zn^{2+} + Cu$ (3.36)

この反応に伴う**ギブズ** (**Gibbs**) の自由エネルギー変化は，次式で与えられる．

$\Delta G = \Delta G° + RT \cdot \ell n\{(a_{Zn^{2+}} \cdot a_{Cu})/(a_{Zn} \cdot a_{Cu^{2+}})\}$ (3.37)

ここで，$\Delta G°$ は**標準自由エネルギー変化**であり，a はそれぞれのイオンや物質の活動度である．純物質の**活動度**は 1 とすることができるので，(3.37) 式は次のようになる．

$\Delta G = \Delta G° + RT \cdot \ell n\{(a_{Zn^{2+}})/(a_{Cu^{2+}})\}$ (3.38)

一方，自由エネルギーがすべて電気的な仕事に変換されるとすると，次の関係が成立する．ただし，n は反応に関与する電子数，F はファラデー定数である．

$\Delta G = -nFU$ (3.39)

(3.38) 式を用いて変形すると，

$U = -1/nF\{\Delta G° + RT \cdot \ell n(a_{Zn^{2+}}/a_{Cu^{2+}})\}$ (3.40)

この式の第 1 項は，標準自由エネルギー変化の起電力に対する寄与である．第 1 項は**標準起電力** $U°$ と呼ばれる．銅と亜鉛の**水素標準電極**に対する各標準電極電位 $E°$ は，3.3.5 項に記すように，

$Cu^{2+} + 2e^- \Leftrightarrow Cu$ $\qquad E° = +0.34V$ (3.41)

$Zn^{2+} + 2e^- \Leftrightarrow Zn$ $\qquad E° = -0.76V$ (3.42)

したがって，(3.31) 式より，ダニエル電池の標準起電力 $U°$ は 1.10V である．これより，$U° = -(1/nF)\Delta G° = 1.10$ となり，この関係を用いて (3.40) 式を書きかえると，(3.43) 式となる．

$U = 1.10 - (RT/nF) \cdot \ell n(a_{Zn^{2+}}/a_{Cu^{2+}})$ (3.43)

活動度は近似的に濃度で置き換えることができるので，(3.43) 式は次のように表される．

$U = 1.10 - (RT/nF) \cdot \ell n(c_{Zn^{2+}}/c_{Cu^{2+}})$ (3.44)

3.3 電極と電位

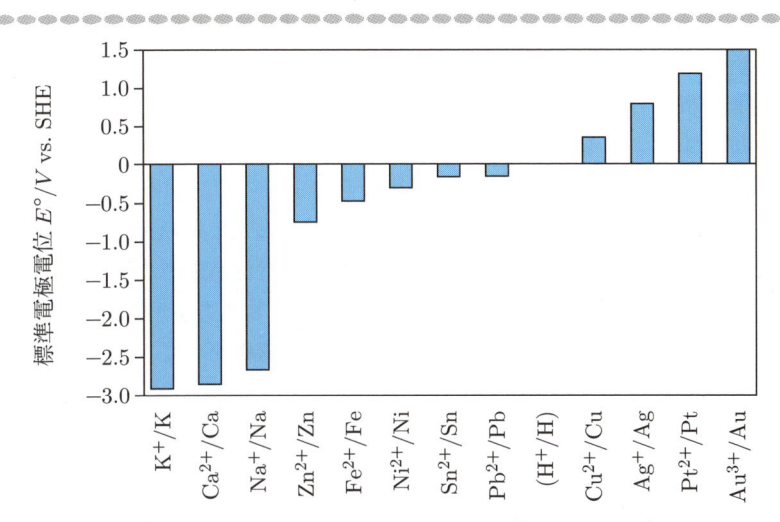

図 3.17 金属の標準電極電位とイオン化系列 (3.3.3 項参照)

表 3.2 金属のイオン化系列と水との反応性

金属	金属イオン	$E°$/Vvs.SHE	水との反応性と反応例
K	K^+	−2.93	水と激しく反応して水素を発生する
Ca	Ca^{2+}	−2.87	$Ca + 2H_2O \rightarrow Ca(OH)_2 + H_2$
Na	Na^+	−2.71	
Zn	Zn^{2+}	−0.76	水とは反応しないが,希硫酸に溶けて水素を発生する
Fe	Fe^{2+}	−0.47	$Zn + 2H^+ \rightarrow Zn^{2+} + H_2$
Ni	Ni^{2+}	−0.27	湿った空気中で自然に錆びて光沢を失う.空気中で
Sn	Sn^{2+}	−0.14	強熱すると酸化物を生ずる
Pb	Pb^{2+}	−0.13	$3Fe + 2O_2 \rightarrow Fe_3O_4$
(H_2)	(H^+)	(0)	(電位基準)
Cu	Cu^{2+}	+0.34	希硫酸には溶けないが,硝酸や濃硫酸などの酸化力
Hg	Hg_2^{2+}	+0.79	の強いものに溶ける.空気中では酸化されにくい
Ag	Ag^+	+0.80	$Cu + 4HNO_3 \rightarrow Cu(NO_3)_2 + 2NO_2 + 2H_2O$
Pt	Pt^{2+}	+1.2	貴金属.酸化力が極めて強い王水に溶ける
Au	Au^{3+}	+1.5	

3.3.3 基準電極

1種類の金属を溶液に浸すと，**半電池**ができる．半電池では，**単極電位**と呼ばれる電極に固有な電位を規定することができるが，電位差がないので電流を取り出して仕事をさせることはできない．そこで，他の種類の電極が必要となる．この場合に電極を選ぶ組み合わせは膨大な数に上るので，個々の電池の起電力を調べることは実際的ではない．そこで，予め基準となる電極を決めておき，その**基準電極**（**RE**：Reference Electrode）との間の電位差を測ることにより，電位に序列をつけ任意の組み合わせの電池の起電力を知る方法が採用されている．ここでは，汎用性の高い**標準水素電極**と**銀-塩化銀電極**をみてみよう．

(1) 標準水素電極

図 **3.18** に示すように，水素イオン濃度と水素ガスの圧力を標準状態とした水溶液中に，白金電極を浸したものが標準水素電極である．ネルンスト（**Nernst**）は標準水素電極があらゆる温度で 0V であると定義することを提案した．それ以来平衡電極電位の多くのデータは，標準水素電極（**SHE**:Standard Hydrogen Electrode）に対する電位として表されている．本書では断りのない場合，電極電位は 25°C の値を採用している．白金電極は，表面での水素のイオン化反応の平衡を円滑に進めるように，通常は微粒子の白金（白金黒と呼ばれる）を付着させた白金電極である．水素は理想気体とみなして 1atm の水素（活動度が 1）を使用する．一方，水素イオンは $1mol/\ell$ 濃度の酸では**活量係数**（濃度や圧力を熱力学的に補正する係数）が 1 ではないので，活動度が 1 とはならない．活量係数を考慮すると濃度が $1.2mol/kgH_2O$ の塩酸（活量係数：0.83）で，濃度を mol/ℓ で表したときは，次式のように活動度がほぼ 1 になる．

$$活動度 = 濃度/標準濃度 (1) \times 活量係数 = 1.2 \times 0.83 = 0.996 \fallingdotseq 1.00 \quad (3.45)$$

(2) 銀-塩化銀電極

銀-ハロゲン化銀電極のうち，図 **3.19** に示す銀-塩化銀・飽和塩化カリウム水溶液を用いた電極も，簡便な基準電極として用いられる．この場合は，標準水素電極に対して +0.197V の電極電位を示す．直径 1mm 程度の銀線を $1mol/\ell$ 程度の塩酸水溶液に浸してアノードとし，白金線をカソードとして電気分解すると，銀線が塩化銀により被覆される．これを飽和塩化カリウム水溶液などの濃度既知の塩化物イオンを含む溶液に浸せば，次に示す銀-塩化銀電極として動作する．

$$Ag\text{-}AgCl\text{-}sat.KCl(aq) : KCl(aq)|AgCl|Ag \quad (3.46)$$

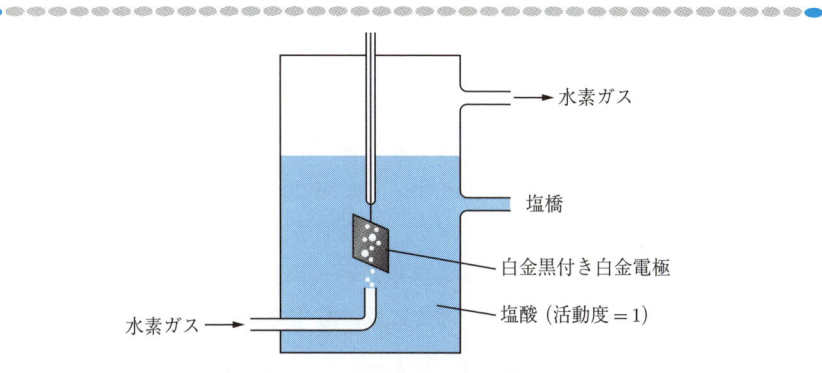

図 3.18 標準水素電極の構造

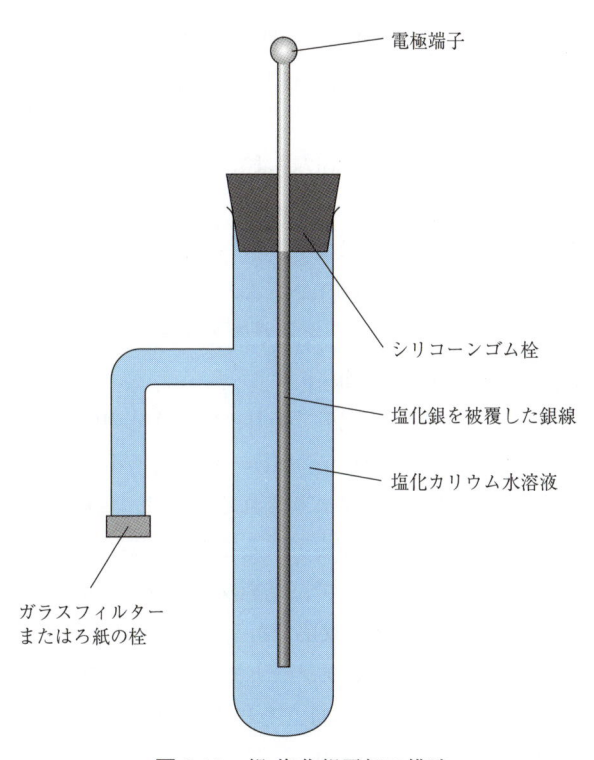

図 3.19 銀-塩化銀電極の構造

3.3.4 電極反応

電池を用いて外部回路に電流を取り出すとき，電極は電子伝導体であるのでその中では電子が流れ，電解質は**イオン伝導体**であるので，その中ではイオンが流れる．また，電池内で電流が流れるとき，電極と電解質の接している界面では，電極側の電子と電解質側のイオンとの間で，電荷の授受および電子およびイオンが関係する反応が必ず起きる．この様子を図 **3.20** に示す．このとき，電極全体として酸化反応が起こる電極を**アノード**，電極全体として還元反応が起こる電極を**カソード**と呼ぶ．一般的には，酸化された物質またはイオンを**酸化体** Ox，還元された場合を**還元体** Red とすると，**電極反応**は次式で表される．

$$Ox + ne^- \Leftrightarrow Red \tag{3.47}$$

この反応の進行によって，微小時間 dt の間に変化する Ox, Red および電子のモル数を，それぞれ $|dn_O|$, $|dn_R|$ および $|dn_e|$ とすると，

$$|dn_O| = |dn_R| = 1/n |dn_e| \tag{3.48}$$

となる．また，電極反応の速度 v(mol/s) は次のようになる．

$$|v| = |dn_O|/dt = |dn_R|/dt = 1/n \cdot |dn_e|/dt \tag{3.49}$$

1mol の電子が持つ電荷は，1F(F はファラデー定数で $N_A \cdot e$ に等しい；N_A はアヴォガドロ数，e は電子 1 個の電荷) であるので，(3.47) 式の反応に伴い dt 時間に移動する電荷の絶対値 $|dQ|$ は，次式で与えられる．

$$|dQ| = F|dn_e| = nF|n_O| = nF|dn_R| \tag{3.50}$$

電流は単位時間当たりに移動する電荷であり，(3.51) 式の関係が成立する．

$$|I| = |dQ|/dt = F|dn_e|/dt = nF|n_O|/dt = nF|dn_R|/dt = nF|v| \tag{3.51}$$

このようにして，電極反応の進行により流れる電流は，**電極反応速度**に比例することが分かる．したがって，電極を流れる電流を測定することにより，電極反応を解析することができる．ここで，電極反応が酸化反応であるときに流れる電流を +，反対に電極反応が還元反応であるときに流れる電流を − と定める．したがって，酸化反応が起こるのはアノードであるので，**アノード電流** Ia および還元反応が起こる**カソード電流** Ic は，それぞれ (3.52) 式で表される．

$$Ia = nFv_O > 0 \qquad Ic = nFv_R < 0 \tag{3.52}$$

電極全体の電流 I は，次式で与えられる．

$$I = Ia + Ic = nF(v_O + v_R) \tag{3.53}$$

これより，電流の符号と大きさにより，表 **3.3** のように 3 つの場合に分けられる．

3.3 電極と電位

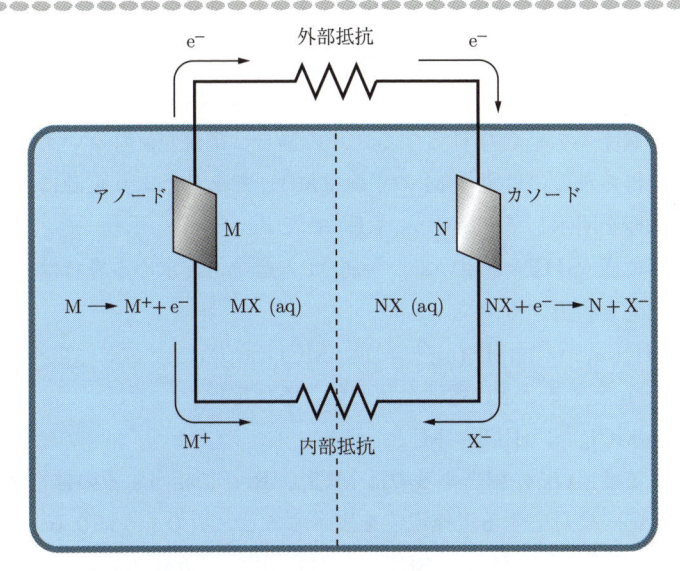

図 3.20 電池内での電荷授受の模式図

表 3.3 電極を流れる電流の符号による電極反応の分類

全電流 I の符号	Ia と Ic の関係	電極全体の反応
I > 0	Ia > −Ic	酸化反応が進行
I = 0	Ia = −Ic	酸化と還元が平衡
I < 0	Ia < −Ic	還元反応が進行

3.3.5 種々の金属の標準電極電位

ある金属 M を用いた M 電極の電極電位を表す場合は，基準電極と組み合わせて，基準電極に対する値で表す．すなわち，**基準電極 RE : 電極 M の電池**を考えてその電位差を起電力 U とする．この場合は電流が流れない条件での値とするので，得られるのは電極 M の平衡電位 E_e である．より正確に表示するには，基準電極を明示して E_e(M vs. RE) で表す．

標準水素電極 (SHE) を用いて，金属 M の起電力を求める場合は，次のような構成の電池を利用する．

$$\text{Pt - Pt}|H_2(a_{H_2}=1), H^+(a_{H^+}=1) : MCl_n(aq)|M \tag{3.54}$$

M の価数を n とするときに電池全体で起こる反応は，

$$n/2 H_2 + MCl_n \Leftrightarrow nHCl + M \tag{3.55}$$

となる．ここで，Ox に相当するのは MCl_n，Red に相当するのは電極 M である．この反応式に対応する電極電位を表示すると，次のようになる．

$$E_e(\text{V vs. SHE}) = E°(\text{V vs. SHE}) - (RT/nF) \cdot \ell n(a_R/a_O) \tag{3.56}$$

ここで，$E°$ は電極 M の標準電極電位 ($a_R = a_{Ox} = 1$ のときの電位) である．

もし基準電極に**銀-塩化銀電極**を用いた場合は，電池構成の表示は次のようになる．

$$\text{Ag - AgCl - sat - KCl(aq)} : MCl(aq)|M \tag{3.57}$$

電池全体で起こる反応は，

$$nAg + MCl_n \Leftrightarrow nAgCl + M \tag{3.58}$$

となる．一般的な表示方法で表すと，

$$\text{基準電極 RE : 電極系 M} \tag{3.59}$$

となる．また，このとき基準電極の電極反応は，

$$Ox_{RE} + ne^- \Leftrightarrow Red_{RE} \tag{3.60}$$

となり，電極系 M においては，

$$Ox_M + ne^- \Leftrightarrow Red_M \tag{3.61}$$

となる．したがって，(3.60) と (3.61) 両式を合わせると，

$$Ox_M + Red_{RE} \Leftrightarrow Ox_{RE} + Red_M \tag{3.62}$$

となる．このときの起電力を表す一般式は，次のようになる．

$$U = U° - (RT/nF) \cdot \ell n\{(a_{O_{RE}} \cdot a_{R_M})/(a_{O_M} \cdot a_{R_{RE}})\} \tag{3.63}$$

代表的な金属や物質の標準水素電極に対する標準電極電位を**表 3.4** に示す．

3.3 電極と電位

表 3.4 25°Cにおける標準電極電位 (vs.SHE)

電極反応	$E°$ V
$Li^+ + e^- \rightleftarrows Li$	-3.04
$K^+ + e^- \rightleftarrows K$	-2.92
$Ba^{2+} + 2e^- \rightleftarrows Ba$	-2.90
$Ca^{2+} + 2e^- \rightleftarrows Ca$	-2.87
$Na^+ + e^- \rightleftarrows Na$	-2.71
$Mg^{2+} + 2e^- \rightleftarrows Mg$	-2.37
$Al^{3+} + 3e^- \rightleftarrows Al$	-1.66
$Mn^{2+} + 2e^- \rightleftarrows Mn$	-1.18
$2H_2O + 2e^- \rightleftarrows H_2(g) + 2OH^-$	-0.83
$Zn^{2+} + 2e^- \rightleftarrows Zn$	-0.76
$Cr^{2+} + 2e^- \rightleftarrows Cr$	-0.74
$Fe^{2+} + 2e^- \rightleftarrows Fe$	-0.44
$Cr^{3+} + 3e^- \rightleftarrows Cr$	-0.41
$Cd^{2+} + 2e^- \rightleftarrows Cd$	-0.40
$Co^{2+} + 2e^- \rightleftarrows Co$	-0.28
$Ni^{2+} + 2e^- \rightleftarrows Ni$	-0.25
$Sn^{2+} + 2e^- \rightleftarrows Sn$	-0.14
$Pb^{2+} + 2e^- \rightleftarrows Pb$	-0.13
$Fe^{3+} + 3e^- \rightleftarrows Fe$	-0.04
$2H^+ + 2e^- \rightleftarrows H_2(g)$	0.00
$S + 2H^+ + 2e^- \rightleftarrows H_2S(g)$	$+0.14$
$Sn^{4+} + 2e^- \rightleftarrows Sn^{2+}$	$+0.15$
$Cu^{2+} + e^- \rightleftarrows Cu^+$	$+0.16$
$SO_4^{2-} + 4H^+ + 2e^- \rightleftarrows SO_2(g) + 2H_2O$	$+0.17$
$Cu^{2+} + 2e^- \rightleftarrows Cu$	$+0.34$
$2H_2O + O_2 + 4e^- \rightleftarrows 4OH^-$	$+0.40$
$Cu^+ + e^- \rightleftarrows Cu$	$+0.52$
$I_2 + 2e^- \rightleftarrows 2I^-$	$+0.54$
$O_2(g) + 2H^+ + 2e^- \rightleftarrows H_2O_2$	$+0.68$
$Fe^{3+} + e^- \rightleftarrows Fe^{2+}$	$+0.77$
$NO_3^- + 2H^+ + e^- \rightleftarrows NO_2(g) + H_2O$	$+0.78$
$Hg^{2+} + 2e^- \rightleftarrows Hg(\ell)$	$+0.78$
$Ag^+ + e^- \rightleftarrows Ag$	$+0.80$
$NO_3^- + 4H^+ + 3e^- \rightleftarrows NO(g) + 2H_2O$	$+0.96$
$Br_2 + 2e^- \rightleftarrows 2Br^-$	$+1.06$
$O_2(g) + 4H^+ + 4e^- \rightleftarrows 2H_2O$	$+1.23$
$MnO_2 + 4H^+ + 2e^- \rightleftarrows Mn^{2+} + 2H_2O$	$+1.28$
$Cr_2O_7^{2-} + 14H^+ + 6e^- \rightleftarrows 2Cr^{3+} + 7H_2O$	$+1.33$
$Cl_2 + 2e^- \rightleftarrows 2Cl^-$	$+1.36$
$Au^{3+} + 3e^- \rightleftarrows Au$	$+1.50$
$MnO_4^- + 8H^+ + 5e^- \rightleftarrows Mn^{2+} + 4H_2O$	$+1.52$
$Co^{3+} + e^- \rightleftarrows Co^{2+}$	$+1.82$
$F_2 + 2e^- \rightleftarrows 2F^-$	$+2.87$

3.3.6　電極反応の解析ーサイクリックボルタンメトリー

　電極反応の解析方法は，その反応速度が温度，圧力，触媒などによりどのように変化するかを調べることが基本となる．3.3.4 項で記したように，電極反応の速度は電流に比例するので，種々の条件が電流に及ぼす影響を調べれば，電極反応に関する知見を得ることができる．

　ボルタンメトリーとは，電気化学的現象における電圧又は電極電位と電流の関係 (**電流-電圧曲線**または電流-電位曲線) を測定する方法である．通常は，電極電位を一定速度で変化 (これを掃引と呼ぶ) させ，電流を測定して記録する．この電極電位を一定範囲で増加させた後に減少させ，それを繰り返す方法もあり，**サイクリックボルタンメトリー** (**CV**; **C**yclic **V**oltammetry) と呼ばれる．それにより得られる曲線を**サイクリックボルタモグラム**という．CV は電極反応に関する電位変化と時間変化を同時に含んでいるので，反応解析は複雑となる．しかし，定量的に電気化学的現象を解釈することに有用であるので，適用例が多くなってきている方法である．

　硫酸ナトリウム水溶液に硫酸銅を添加して，CV を行った結果の一例を図 **3.21** に示す．硫酸銅を添加しないで電位を上昇させた場合は，**酸化電流** (＋方向の電流) も**還元電流** (－方向の電流) も観察されない．一方，硫酸銅を添加した場合は，電位を負方向に一定速度で下げていくと，0V～−4V 付近まで還元電流 (－方向の電流) が流れる．これは銅の析出反応 ($Cu^{2+} + 2e^- \rightarrow Cu$) に対応する電流である．一方，電位を正方向へ掃引した場合は，0V 付近から急激に電流が流れ始め 1V 付近で最大になり，それ以上で減少に転じる．これは銅の溶解反応 ($Cu \rightarrow Cu^{2+} + 2e^-$) に対応する酸化電流である．それぞれのピークについて横軸を時間軸に取り直し，時間で積分すると酸化と還元のときの電気量が求められる．その結果，酸化と還元に要する電気量がほぼ一致する場合は，酸化反応と還元反応の可逆性があると判断できる．

　希硫酸中で種々の電極を用いて測定した CV の結果を図 **3.22** に示す．測定した電極の中で，電位を負側に掃引したときに最も小さな電位で，$2H^+ + 2e^- \rightarrow H_2$ の反応に起因する還元電流が流れ始めるのは白金であり，以下パラジウム，ニッケル，鉛の順である．このことから水素還元のしやすさは，Pt > Pd > Ni > Pb であることが分かる．また，水素発生に対する**過電圧** (平衡値からのずれ) は Pt，Pd および Ni で小さく，Pb で大きいことも分かる．

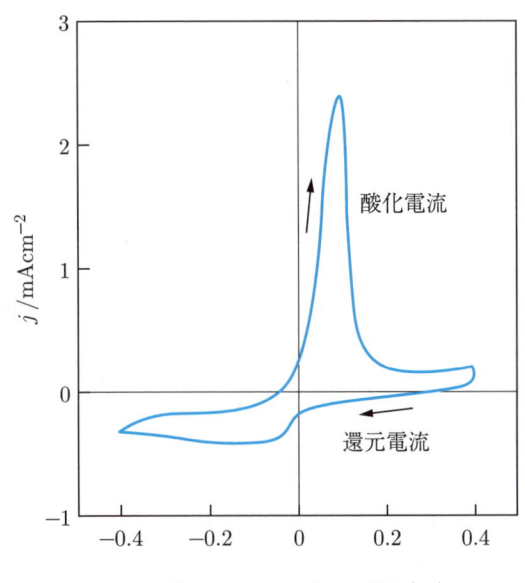

図 3.21　硫酸銅水溶液のサイクリックボルタンメトリー

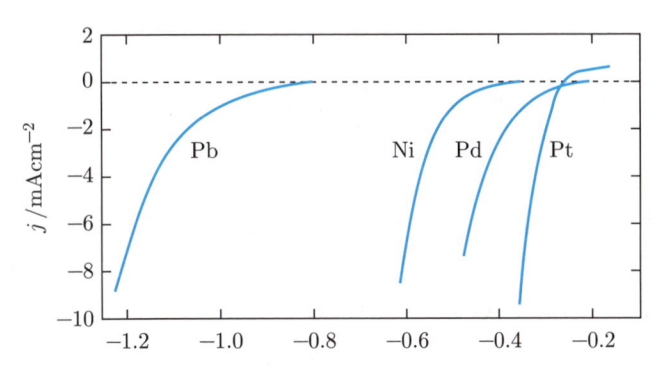

図 3.22　希硫酸のサイクッリボルタンメトリー

3.4 実用電池

3.4.1 ニッケル水素電池

実用**二次電池**の1つである**ニッケル水素電池**は，1.2Vの起電力を示しリチウムイオン電池に次いでよく使用されている．その原理を考えてみよう．金属の中には可逆的にその構造中に大量の水素を取り込むことができる**水素吸蔵合金**と呼ばれる種類の合金がある．**図3.23**に$LaNi_4$系結晶の構造を示す．水素は原子番号が1で非常に小さいので，結晶格子の隙間の位置を占めている．水素の吸蔵と放出はともに可能であり，水素の吸蔵や水素を用いた反応の制御に使用できる．その応用例の1つが，水素吸蔵合金を用いたニッケル水素電池である．

ニッケル水素電池の模式図を，**図3.24**に示す．カソードに水酸化ニッケルを用いた電池の**充放電反応**(右向きが放電，逆が充電)は，次の通りである．

正極 (カソード)：$NiOOH + H_2O + e^- \Leftrightarrow Ni(OH)_2 + OH^-$ (3.64)

負極 (アノード)：$MH + OH^- \Leftrightarrow M + H_2O + e^-$ (3.65)

電池反応：$NiOOH + MH \Leftrightarrow Ni(OH)_2 + M$ (3.66)

ここで，Mは水素吸蔵合金，MHは**金属水素化物**を表す．この電池では，放電時に水が生成し電子を放出する側がアノード，一方，電子が消費される側がカソードである．水素の吸脱着に伴う体積変化は，水素は格子間位置に出入りするために，その変化量は小さい．

もし**過放電**あるいは**過充電**を行った場合には，水素や酸素が発生するので注意を要する．過放電の場合には，正極で生じたOH^-の濃度が高くなり酸素が生成する．また，負極では生成した水が電子により還元され水素を生成する．そこで生じる反応は，次の通りである．

正極 (カソード)：$2OH^- \rightarrow 1/2 O_2 + H_2O + 2e^-$ (3.67)

負極 (アノード)：$2H_2O + 2e^- \rightarrow 2OH^- + H_2$ (3.68)

すなわち，水の電気分解が生じる．密閉容器中では，ガスの圧力が高くなると危険であるので，ガスの発生を抑制する必要がある．たとえば，アノード側の水素の圧力が高くなると，次の反応が右側に進行し水素の内部圧を低下させる．

$MH + x/2 H_2 \rightarrow MH_{1+x}$ (3.69)

また，酸素の圧力が高くなったときには，次の反応により，

$MH_x + y/2 O_2 \rightarrow MH_{x-2y} + yH_2O$ (3.70)

酸素が消費されて酸素圧を下げることができる．

3.4 実用電池

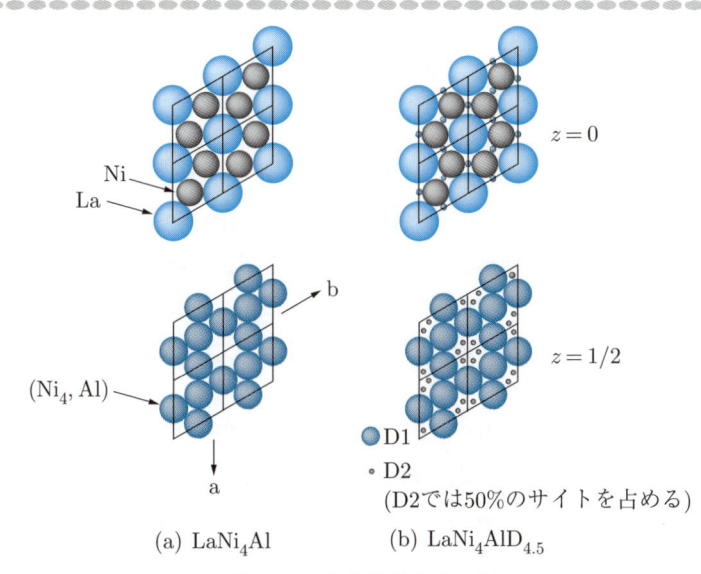

(a) LaNi$_4$Al (b) LaNi$_4$AlD$_{4.5}$

$z = 0$

$z = 1/2$

● D1
∘ D2
(D2では50%のサイトを占める)

図 3.23 水素吸蔵合金の例

金属水素化物
負極

酸化水酸化ニッケル
正極

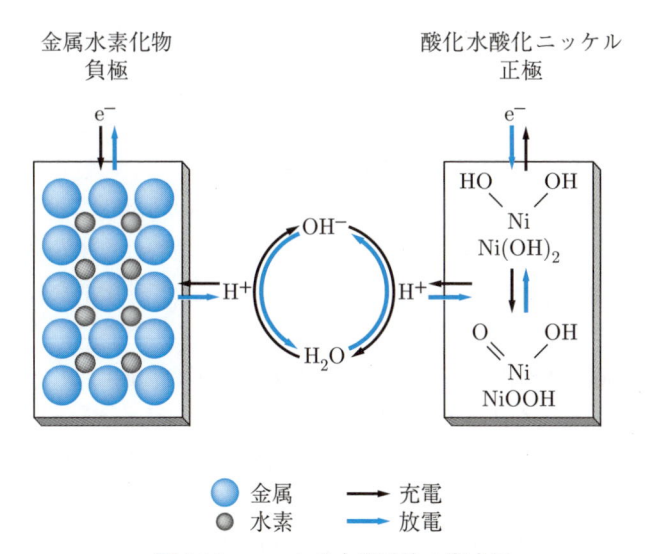

● 金属 → 充電
● 水素 → 放電

図 3.24 ニッケル水素電池の模式図

3.4.2 ニッケルカドミウム電池

ニカド電池とも呼ばれるニッケルカドミウム電池は，最盛時に比較すると使用量が減少しつつあるが，リチウム系を除くとニッケル水素電池に次いで使用されてきた二次電池である．しかし，ニッケル水素電池とほぼ同じ 1.2V の起電力であるために，その市場を奪われつつある．図 **3.25** に示すように正極に**酸化水酸化ニッケル (NiOOH)** を使用し，負極にスポンジ状カドミウムあるいはペースト状にしたカドミウムを使用して構成される．電解質には，20-34 重量%濃度の水酸化カリウム (KOH) 水溶液を用いるのが一般的であるが，用途によっては，水酸化ナトリウム水溶液を主成分にする場合もある．その**充放電反応** (右向きが放電，逆が充電) は，次の通りである．

$$正極 (カソード): 2NiOOH + 2H_2O + 2e^- \Leftrightarrow 2Ni(OH)_2 + 2OH^- \quad (3.71)$$

$$負極 (アノード): Cd + 2OH^- \Leftrightarrow Cd(OH)_2 + 2e^- \quad (3.72)$$

$$電池反応: NiOOH + 1/2Cd + H_2O \Leftrightarrow Ni(OH)_2 + 1/2Cd(OH)_2 \quad (3.73)$$

理論起電力 U は，次式で与えられる．

$$U = U° - (RT/2F) \cdot \ln(a_{H_2O}) \quad (3.74)$$

この式より，純粋な固体物質の**活動度**は 1 とみなすと，U は電解質中の水の活動度 (a_{H_2O}) のみで決まることが分かる．なお，25°C における $U°$ は 1.3V である．過放電時には，ニッケル水素電池と同様に，次の反応が起こる．

$$正極 (カソード): 2OH^- \rightarrow 1/2O_2 + H_2O + 2e^- \quad (3.75)$$

密閉容器中では，発生した酸素は，負極のカドミウムと反応して消費される．過放電は充分に密閉した電池中でも起こり得るが，電池特性を損なうものではない．また，大気中の酸素は負極のカドミウムと反応して化学的な放電を引き起こすので，容器の密閉には充分に注意する必要がある．さらに，大気中の二酸化炭素は，電解質や電極と反応して K_2CO_3 や $CdCO_3$ を生成し，結果的に正常な電池特性の発現を妨害する．

電池の放電電位や放電容量は，**メモリー効果**により一時的に低下して，予め設定した電位まで低下する放電時間を短くする．この効果は，使用可能容量以下で充放電を繰り返すことにより現れる．使用可能容量をすべて使用したいときに，電池の全容量が使用できなくなる．その詳しい機構はよく分かっていないが，中間生成物などが関係していると考えられる．通常は，少数回の完全充放電を行うことにより，メモリー効果は消去され全容量が利用できるようになる．

3.4 実用電池

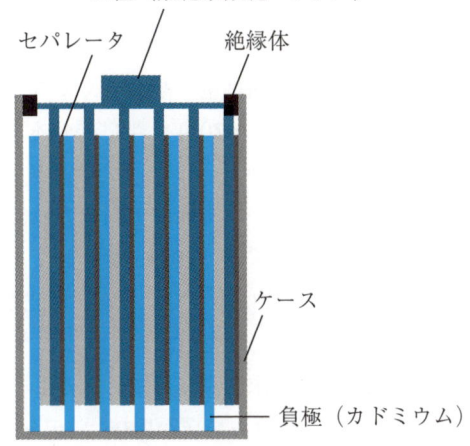

(a) ニッケルカドミウム電池の断面模式図

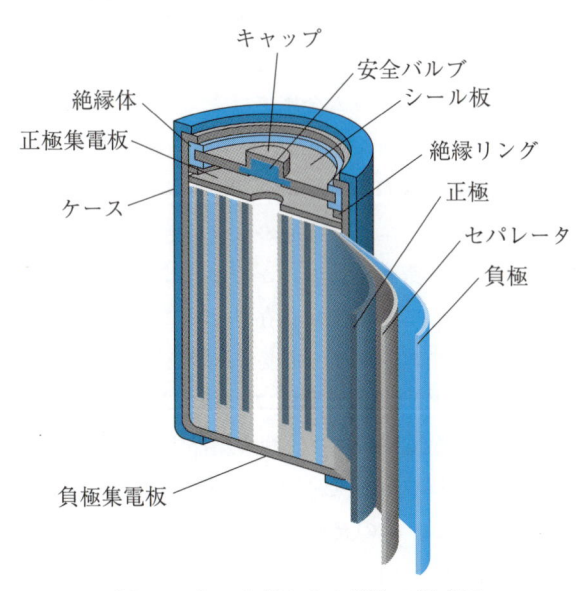

(b) ニッケルカドミウム電池の模式図

図 3.25 ニッケルカドミウム電池

3.4.3 リチウム電池とリチウムイオン電池

リチウムは元素中でも最も低い酸化還元電位 (電子を放出しやすい) を示し，原子番号も 3 と小さいので，重量当たりの放電電気量が金属中で最も大きい．このために，リチウムを負極とする電池は電位を大きくでき，エネルギー密度の大きな電池を構成することができる．1970 年代半ばに日本で負極にリチウム金属を用い，正極にフッ化黒鉛か二酸化マンガン，また電解質には，有機ポリマーに無機リチウム塩を用いたリチウム一次電池が実用化された．しかし，ニカド電池やニッケル水素電池などの二次電池に市場を奪われていった．一方で，電子機器の高性能化・小型化・高容量化に伴って，ニカド電池やニッケル水素電池よりも重量エネルギー密度の高い二次電池が要望されるようになった．そこで，リチウムイオン二次電池への開発要求が高まった．しかし，リチウム金属を二次電池に使用すると，充電時にリチウム金属が樹枝状 (デンドライト結晶) に析出し，充放電サイクルを短くするだけではなく，加熱や発火等の事故につながる恐れもあり，安全性と信頼性の両面で実用化が困難であった．そこで，リチウム金属を安全に使用できる技術の開発とともに，代替材料の開発が進められた．その結果，炭素中へはリチウム金属ではなく，リチウムイオンの挿入・脱離が可逆的であり，かつリチウム金属に近い電位を維持できる**炭素**を負極とし，正極には**コバルト酸リチウム ($LiCoO_2$)** を用いる二次電池が 1990 年代初めに実用化された．この電池は，ニカド電池の 3 倍の起電力を持ち，従来の二次電池よりも大きなエネルギー密度を持つ．このようにして，**リチウムイオン二次電池**はリチウムを金属として電池中に存在させることなく，高性能化が実現された画期的な電池である．エネルギー密度の比較を図 **3.26** に示す．

リチウム電池を作動させるには，図 **3.27** に示すように正極と負極を電解液に浸すことが必須である．充電時には，正極の結晶 ($LiCoO_2$ など) 中にあったリチウムイオンを電解液中に放出させ，同時に電解液中にあったリチウムイオンを負極の炭素中に挿入する．その**充放電反応**は次の通りである．

$$正極 (カソード) : CoO_2 + Li^+ + e^- \Leftrightarrow LiCoO_2 \tag{3.76}$$

$$負極 (アノード) : LiC_6 \Leftrightarrow Li^+ + e^- + C_6 \tag{3.77}$$

$$電池反応 : CoO_2 + LiC_6 \Leftrightarrow LiCoO_2 + C_6 \tag{3.78}$$

この起電力は 3.6V であるので，電解液に水溶液を使用すると水の電気分解 (理論値は約 1.2V) が起こるために，有機ポリマー系ゲルなどが使用される．

3.4 実用電池

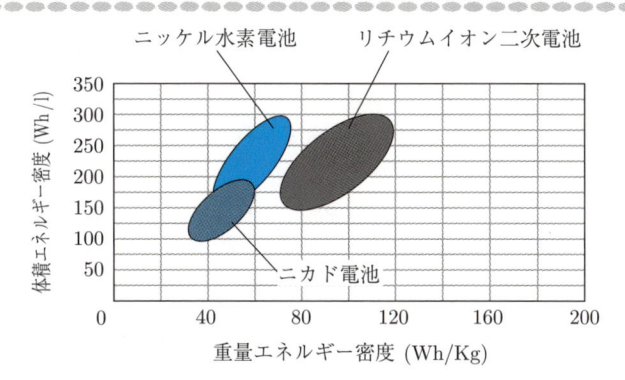

図 3.26 各種電池のエネルギー密度の比較

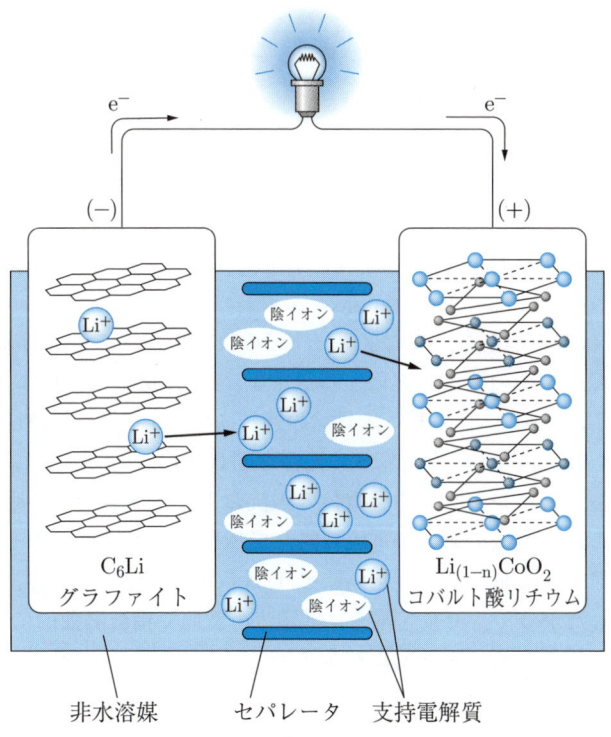

図 3.27 放電時のリチウムイオン二次電池の模式図

3.4.4 燃料電池の原理

燃料電池では，水素やメタンのような燃料と酸素を，適当な触媒を入れた多孔質の電極で反応させて起電力を発生させる．燃料電池の簡単な構造 (水素イオン伝導体の場合) を図 **3.28** に示す．水素を燃料とする場合の**電池反応**は，25°C において次の通りである．

正極 (カソード)：$2H^+ + 1/2O_2 + 2e^- \Leftrightarrow H_2O(\ell)$　　　$E° = 1.23V$　　(3.79)

負極 (アノード)：$H_2 \Leftrightarrow 2H^+ + 2e^-$　　　$E° = 0V$　　(3.80)

電池反応：　　　$H_2 + 1/2O_2 \Leftrightarrow H_2O(\ell)$　　　$U° = 1.23V$　　(3.81)

一方，**酸化物イオン伝導体**の電解質の場合は，酸素側で酸素と電子が反応して酸化物イオンとなり，酸化物イオンが電解質を通って燃料側に到達し反応して水や他の物質を生成する．熱力学的な関係については，図 **3.29** に示すデータを用いると，**理論効率**は水の生成反応において，(自由エネルギー変化/エンタルピー変化)×100% で与えられる．したがって，理論的には水素の燃焼で発生するエネルギー (熱) のうち (237/286)×100 = 83% という高い効率で電気エネルギーに変換できることになり，残りはエントロピーとして物質内に蓄えられる．

もちろん，電池の理論起電力をそのまま使って仕事をさせることはできない．このことを様々な因子について具体的に考えてみよう．燃料電池動作時の電流における**セル起電力** U_{cv} を (3.82) 式に示す．

$$U_{cv} = U° - \eta_a - \eta_c - IR - \eta_{conc} \quad (3.82)$$

ここで，$U°$ は理論起電力，η_a はアノードでの反応の遅れに起因する**過電圧**，η_c はカソードでの反応の遅れに起因する過電圧，IR は抵抗成分による**オーム損**，さらに η_{conc} は反応ガスの電極への供給の遅れに起因する**濃度過電圧**である．この式に基づくセル起電力と電流密度の関係を図 **3.29** に示す．抵抗成分は電解質の抵抗，電極やセパレータ等の導電体の抵抗および各種構成材料間の接触抵抗から成り，これらの抵抗成分が電流に対して依存しなければ，オーム損は電流に対して直線的に増加する．一方，η_a と η_c は，電流密度に対して指数関数的に増加する．したがって，セル起電力は低電流密度側で指数関数的に減少するが，その後オーム損のために直線的に減少する．しかし，さらに大きい電流密度になると，電極への反応ガスの供給が間に合わなくなり，その遅れによる濃度過電圧の影響が大きくなる．そのため，急激にセル起電力が低下する**限界電流密度** (I_{lim}) に達する．I_{lim} は，反応領域の厚さや反応ガスの圧力，ガスの拡散定数等に依存する．限界電流密度を大きくするためには，反応領域の厚み，圧力，あるいはガス拡散電極の構造を最適化することが必要となる．

3.4 実用電池

反応式

負極側
$H_2 \rightarrow 2H^+ + 2e^-$

正極側
$1/2 O_2 + 2H^+ + 2e^- \rightarrow H_2O(\ell)$

全体
$H_2 + 1/2 O_2 \rightarrow H_2O(\ell)$

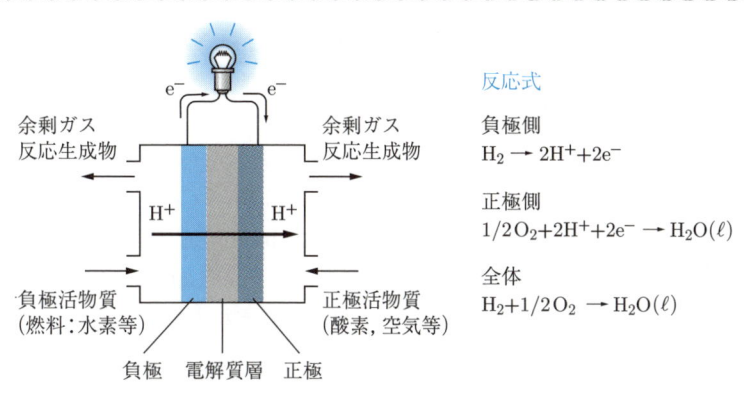

図 3.28 燃料電池の簡単な構造
(電解質が水素イオンを導く水溶液の場合)

$$H_2(g) + \frac{1}{2}O_2(g) \rightarrow H_2O(\ell) \text{ at } 25°C$$

熱力学上の関係

$U = 1.48\text{V}$

$T \cdot \Delta S$
= 反応によるエントロピー変化
= -49kJ/mol

発熱

$U° = 1.23\text{V}$

ΔH
= 反応熱 (= 燃焼熱)
= -286kJ/mol

電池の理論上の変換エネルギー

電気抵抗 (IR)
アノード反応抵抗 (η_a)
カソード反応抵抗 (η_c)

例示 0.65V

濃度過電圧 (η_{conc})

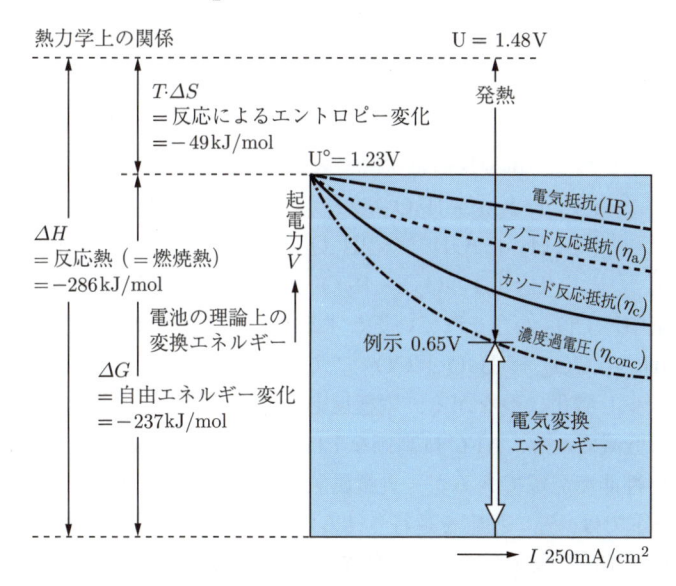

ΔG
= 自由エネルギー変化
= -237kJ/mol

電気変換エネルギー

起電力 V

I 250mA/cm^2

図 3.29 燃料電池の電流と起電力の関係

3.4.5 燃料電池の種類と特徴

燃料電池は通常使用される電解質の種類により分類される．表 3.5 に代表的な燃料電池の種類と特徴を示す．

アルカリ形燃料電池 (AFC)：Alkali Fuel Cell
固体高分子形燃料電池 (PEFC)：Polymer Electrolyte Fuel Cell
リン酸形燃料電池 (PAFC)：Phosphoric Acid Fuel Cell
溶融炭酸塩形燃料電池 (MCFC)：Molten Salt Fuel Cell
固体酸化物形燃料電池 (SOFC)：Solid Oxide Fuel Cell

表 3.5 に示す特徴および出力等を基にして，それぞれの燃料電池の応用分野が決められる．

3.4.5.1 アルカリ形燃料電池 (AFC)

AFC はアポロやスペースシャトルなどの有人宇宙船の電源兼水製造装置 (10kW 程度の出力) として早くから実用化され，その後潜水艦用の電源として搭載されるようになった．図 3.30 にその模式図を示す．AFC は電解質にアルカリ性の水溶液を用いているが，その理由はアルカリ水溶液中では，電極表面において高い活性化エネルギーを必要とする酸素の還元反応 $1/2O_2 + H_2O + 2e^- \Leftrightarrow 2OH^-$ が円滑に進行するからである．燃料は純水素，酸化剤は純酸素か CO_2 を含まない空気が利用される．電極反応は次式で表される．

正極 (カソード)：$1/2O_2 + H_2O + 2e^- \Leftrightarrow 2OH^-$ $\qquad E° = +0.40V \qquad$ (3.83)
負極 (アノード)：$H_2 + 2OH^- \Leftrightarrow 2H_2O + 2e^-$ $\qquad E° = -0.83V \qquad$ (3.84)
電池反応： $\qquad H_2 + 1/2O_2 \Leftrightarrow H_2O$ $\qquad U° = 1.23V \qquad$ (3.85)

もし空気中に CO_2 が含まれているとすると，電解液中の水酸化物イオンと反応し，$2OH^- + CO_2 \Leftrightarrow H_2O + CO_3^{2-}$ で表される反応が生じ，水酸化物イオン濃度が減少し劣化につながる．電極反応は触媒を使用することで，過電圧ロスを大幅に低減できる．AFC は高価な Pt などの**貴金属触媒**を使用しなくても，比較的良い性能で発電できるが，貴金属触媒を使用すると性能は大きく向上する．アノードでは，遅い反応を進行させるために，水素吸着能の高い触媒すなわち Pt や Pt - Pd 合金触媒の使用が望ましい．Ni 系も大きな解離吸着能があるとされているが，Pt 系には及ばない．AFC では，80～90°C において，2atm の酸素と水素による燃料電池特性を測定すると，$0.4A/cm^2$ で 0.77V 程度であり，これはリン酸形よりも優れている．ただし，空気を使用すると二酸化炭素との反応のために大幅に電池性能が低下する．

表 3.5 代表的な燃料電池の種類と特徴

主な燃料電池	低温燃料電池			中温燃料電池	高温燃料電池
	アルカリ形 (AFC)	リン酸形 (PAFC)	固体高分子形 (PEFC)	溶融炭酸塩形 (MCFC)	固体酸化物形 (SOFC)
作動温度 [°C]	常温～90°C	170～220°C	常温～140°C	～650°C	～1000°C
燃料	純水素	水素 (CO_2) 含有可	水素 (CO_2) 含有可	水素, CO	水素, CO
酸化剤	純酸素	空気	空気, 酸素	空気	空気
利用可能な化石燃料, 合成燃料	水電解あるいは熱化学分解によって得られる水素	天然ガス, ナフサまでの軽質油	天然ガス, ナフサまでの軽質油	石油, 天然ガス, 石炭ガス, メタノール	石油, 天然ガス, 石炭ガス, メタノール
電解質	水酸化カリウム水溶液	リン酸水溶液	プロトン交換膜 (パーフルオロエチレンスルホン酸樹脂など)	溶融状態のアルカリ炭酸塩 (炭酸リチウムと炭酸カリウム)	安定化ジルコニア
電荷坦体	OH^-	H^+	H^+	CO_3^{2-}	O^{2-}
電極	多孔質炭素板など	多孔質炭素板	多孔質炭素板	多孔質 Ni-Cr 焼結体 多孔質 NiO 板	多孔質 Ni, $LaMnO_3$ など
触媒	ラネーニッケル ラネー銀	Pt 系合金類/C	Pt 系合金類/C	不要	不要
単セル出力密度 [Wcm^{-2}]	0.4A × 0.9V (H_2/O_2)	0.3A × 0.7V	1.2A × 0.6V (H_2/O_2) 0.4A × 0.7A	0.16A × 0.8V	0.5A × 068V
主な用途	宇宙船等特殊用途 将来の水素エネルギーシステムにおいて有効	オンサイト, 分散配置型 中容量火力発電代替	宇宙船等特殊用途 燃料電池自動車 家庭用小型電源	大容量火力発電所	大容量火力発電所

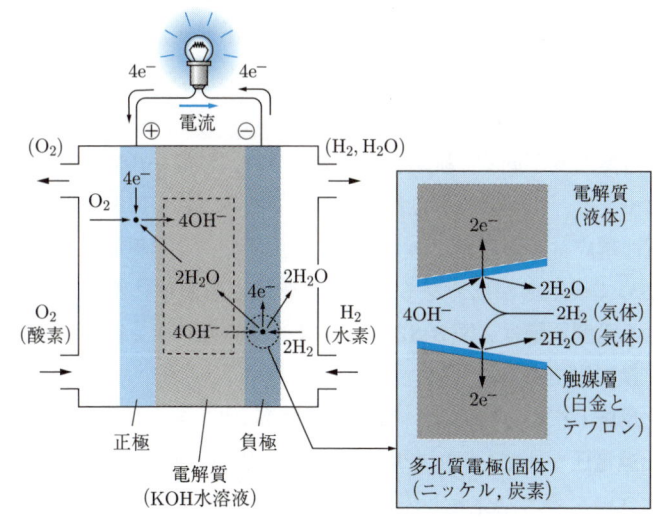

図 3.30 アルカリ形燃料電池の模式図

3.4.5.2 固体高分子形燃料電池 (PEFC)

　PEFC の模式図を図 **3.31** に示す．フッ素系のイオン交換樹脂を電解質として，電極にはガスが拡散できるような多孔質の**ガス拡散電極**を膜の両面に直接接合する構造をとっている．この電池は単電池 (単セル) であり，理論起電力は約 1.2V で実際にはそれよりも小さい起電力しか利用できない．そのために，燃料電池は通常直列に何枚も重ねて使用される．その基本単位となるのは，図 **3.32** に示す**膜-電極接合体 (MEA)** と呼ばれる部分である．これは両電極に薄いカーボンペーパーのバッキング材 (支持集電体) を密着させて，その両側から電極の分離と電極へのガス供給通路の役割を兼ねた導電性のセパレータ，およびスタックのシールと供給ガスを各電極へ分配する機能を持たせたガスケットから成る．また，燃料電池作動時に発生する熱の冷却は，水冷機能を持ったセパレータを数セル間隔に配置させて行う．

　PEFC の主要な長所は，構造が簡単でメインテナンスが容易であり，室温付近で動作するために，常温で起動可能で起動時間が速いことである．これらの特長により自動車の駆動電源としての使用が可能となった．さらに，材料に過酷な要求がなく，高出力密度が得られるために，小型軽量化が図れ，広い電流密度範囲で作動可能なために，負荷変動の大きな用途に対応できるなど，家庭用などの小型電源としての可能性を広げつつある．一方，短所は，低温動作型であるために排熱温度が低く，排熱利用が制限され，触媒が燃料中に含まれる CO に**被毒**されやすく，CO 除去が必要になる点である．さらに電解質膜や電極の白金などの電池構成材料が高価であり，現状で主流のフッ素樹脂系の膜では，水の存在下で初めて導電率が高くなるので，水管理が必須である点である．PEFC に使用される**電解質膜**は，図 **3.33** に示すようなスルフォン基を持つフッ素樹脂系イオン交換樹脂である．

　水素酸化反応 (アノード反応)，**酸素還元反応** (カソード反応) とも触媒としては，活性化過電圧が小さい Pt が用いられる．活性化過電圧は水素側で小さく，酸素側で大きいため，全体としてはカソード側の過電圧が大部分を占める．実際には Pt を触媒として PTFE(ポリテトラフルオロエチレン) などと混ぜてガス拡散電極を作製し，イオンと電子の電荷の授受が円滑に進むように，電極，反応ガスおよび電解質が共存する三相界面と呼ばれる構造を形成するなど，電極反応の効率を高めるために様々な工夫がなされている．

3.4 実用電池

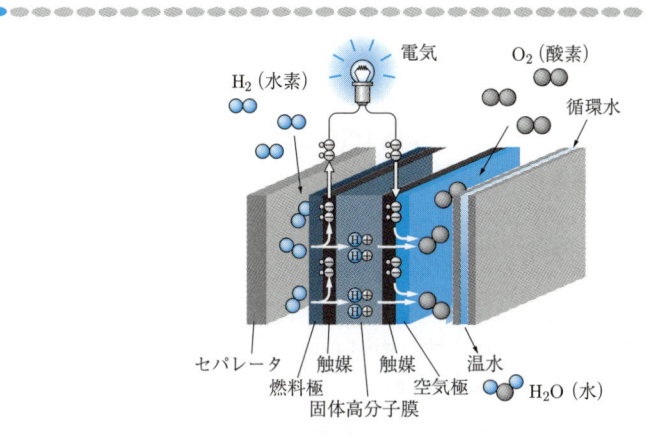

図 3.31 固体高分子形燃料電池の模式図

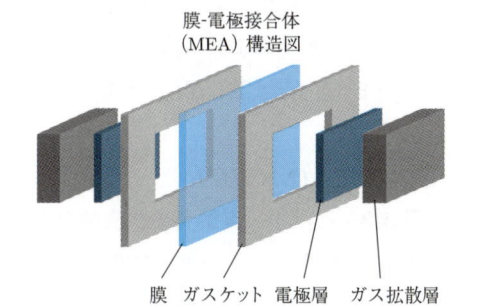

図 3.32 膜－電極接合体の模式図

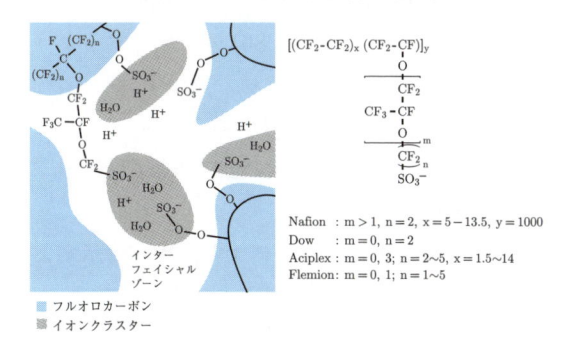

Nafion　：$m > 1$, $n = 2$, $x = 5 - 13.5$, $y = 1000$
Dow　　：$m = 0$, $n = 2$
Aciplex：$m = 0, 3$; $n = 2 \sim 5$, $x = 1.5 \sim 14$
Flemion：$m = 0, 1$; $n = 1 \sim 6$

■ フルオロカーボン
■ イオンクラスター

図 3.33 フッ素樹脂系電解質膜の構造

3.4.5.3 リン酸形燃料電池 (PAFC)

PAFC の模式図を図 3.34 に示す．電解質として液体であるリン酸が使用される．このリン酸は中程度に強い酸であり，水溶液中で $H_3PO_4 \Leftrightarrow H^+ + H_2PO_4^-$ の解離反応により水素イオンを出す．常圧 (燃料圧力約 $1kg/cm^2$) 型で，濃厚リン酸溶液を含ませた**電解質層** (炭化ケイ素の微粒子の隙間にリン酸を浸み込ませた構造) を中心として，電極 (燃料極，空気極) が密接して配置されている．電極はガスの透過性が必要なため，**多孔質触媒層**とこれを支持する多孔質支持層から成る．触媒層には，通常白金又はその合金が担持されている．電解質には低蒸気圧および化学的安定性に加えて，中温 (180～210°C 程度) 動作性や高イオン伝導性などを考慮してリン酸が選ばれている．電解質層の厚さは，内部抵抗を小さくするために薄い方が望ましい．燃料極では，わずかな量の Pt 触媒でも充分に水素のイオン化反応が促進できる．一方，空気極の電極反応には触媒の助けがより必要で，触媒量を燃料極よりも多くするとともに，活性が高いものが必要である．このため Pt と Cr，Ti，W などの 2～4 元系合金の触媒が使用されている．

3.4.5.4 溶融炭酸塩形燃料電池 (MCFC)

MCFC の模式図を図 3.35 に示す．電解質の代表的な例に，炭酸リチウムと炭酸カリウムの**混合塩** (62:38) がある．この塩は**共融現象**により約 490°C で溶融状態になり，CO_3^{2-} イオン伝導体となる．燃料極および空気極はそれぞれニッケル合金および酸化ニッケルである．アノードでは供給された燃料中の水素が，電解質の炭酸イオンにより酸化され，(3.86) 式で表されるように水と二酸化炭素と電子を生成する．ここで，(a) はアノードを示す．

$$H_2(a) + CO_3^{2-}(a) \Leftrightarrow H_2O(a) + CO_2(a) + 2e^-(a) \tag{3.86}$$

一方，MCFC の動作温度においては，次の**シフト反応**が平衡に達する．

$$CO + H_2O \Leftrightarrow H_2 + CO_2 \tag{3.87}$$

カソードでは，酸素と二酸化炭素と電子により，次式で示すように炭酸イオンを生じる．ここで，(c) はカソードを示す．

$$CO_2(c) + 1/2O_2(c) + 2e^-(c) \Leftrightarrow CO_3^{2-}(c) \tag{3.88}$$

このように MCFC においては，二酸化炭素と炭酸イオンを介して水素と酸素の反応が起こっている．また，一酸化炭素も燃料として使用できる．二酸化炭素の供給は不可欠であるが，循環して使用されるので，大量には必要でない．

3.4 実用電池

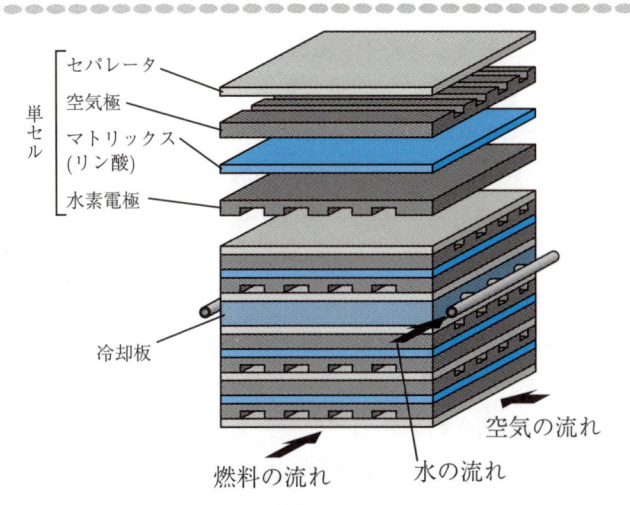

図 3.34 リン酸形燃料電池の模式図

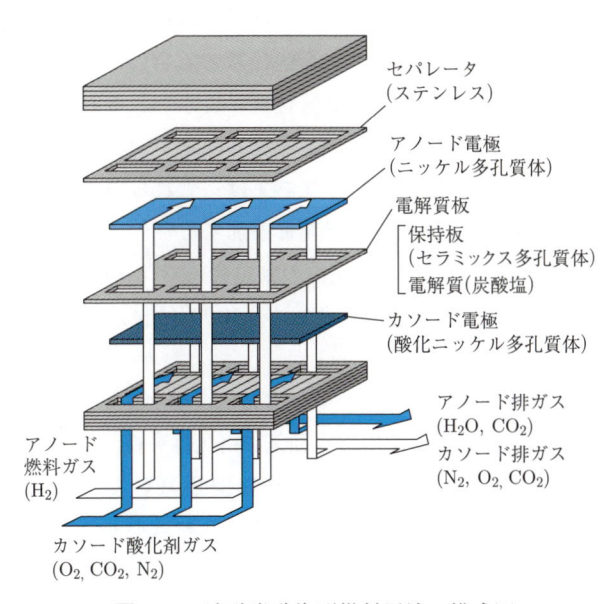

図 3.35 溶融炭酸塩形燃料電池の模式図

3.4.5.5 固体酸化物形燃料電池 (SOFC)

酸化物イオン伝導性セラミックスを電解質に用いた **SOFC** は，電解質が耐熱性のセラミックスであるために，高温の排熱を利用して蒸気タービンを作動可能である．高温動作であるために Pt などの触媒が不要であり，CO 被毒もない，などの特長を持つ．一方，短所としては，高温で使用されるので，異なる材料間の反応や熱応力により材料の劣化の進行が速くなる．また，炭化水素系燃料の場合には，炭素析出によりアノードの劣化が起き，平板型の場合には，材料間のシールが問題となる．

SOFC に使用される代表的な材料を**表 3.6** に示す．アノード材料は，高温の還元雰囲気下で安定であり，水素酸化活性が高いことが望まれる．実際には，Ni 粒子の焼結防止と電解質との熱膨張率の整合および電極の三次元化を図るために，Ni と**イットリア (Y_2O_3) 安定化ジルコニア (ZrO_2)(YSZ** と略称) 粉末の混合焼結体である **Ni/YSZ サーメット電極**が用いられる．カソード材料は，高温の酸化雰囲気で安定な電子伝導体，または**混合伝導体**である必要がある．化学的な安定性および電解質材料との熱膨張係数の整合の面から，**$LaMnO_3$ 系**が現在最も多く用いられている．電解質材料に要求される条件は，高い酸化物イオン伝導性，低い電子伝導性，酸化・還元雰囲気中での安定性，ガス不透過性などである．イットリア安定化ジルコニアは，これらの条件を満足する材料であり SOFC に採用されている．Sc^{3+} を添加すると最も大きなイオン導電率が得られるが，高価なためと相の安定性の兼ね合いで Y_2O_3 が採用されている．作動条件下では 10^{-1} S/cm 程度が望ましく，1000°C 付近まで温度を上げる必要がある．

インターコネクタとも呼ばれるセパレータ材は，単セル間を電気的に接続する部材であり，酸化性と還元性の両方の雰囲気に耐久性を持つ．現在では $LaCrO_3$ 系が一般的に用いられる．**図 3.36** に示す**円筒型** SOFC ではガスシール材は不要であるが，**図 3.37** に示す**平板型**では**ガスシール材**は不可欠である．SOFC に用いるガスシール材として構成するセラミックス間を接合するために，シリカを主成分とするガラスが最も有力である．ガラス単独で熱膨張率や適度な軟化性を示す材料を見出すことは困難であり，ガラスと結晶 (繊維，粉末等) を組み合わせた複合材料が使用される．

3.4 実用電池

表 3.6 代表的な材料の例

電池部材	材料
アノード	$La_{1-x}Sr_xMnO_3$
電解質	YSZ
カソード	40vol%Ni + YSZ
インターコネクタ	$La_{1-x}Mg_xCrO_3$
支持体	C_aO 安定化ジルコニア

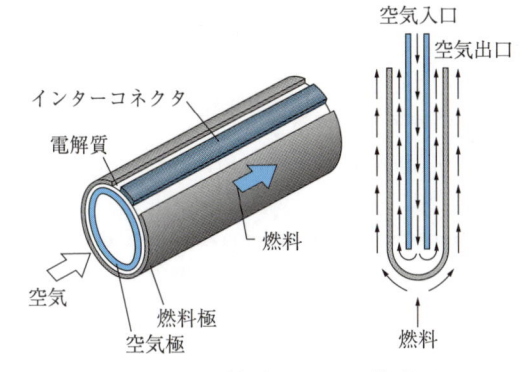

図 3.36 円筒型 SOFC の模式図

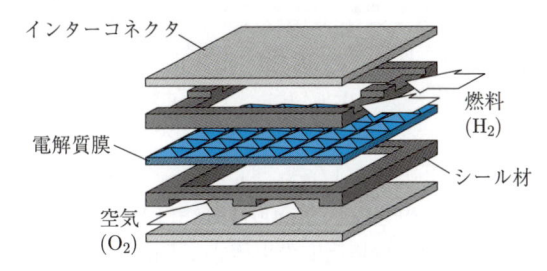

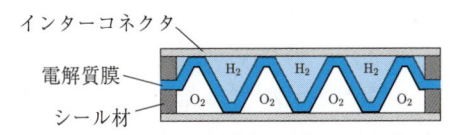

図 3.37 平板型 SOFC の全体図 (上) と拡大図 (下)

例題

[3-1]　0.050(mol/ℓ) の酢酸水溶液は，1.0%電離している．表3.1 の無限希釈導電率を参考にして，この水溶液の導電率を求めよ．
(解答)　まず次の電離平衡の式から，酢酸水溶液中に存在するイオンの濃度を求める．

$$CH_3COOH \Leftrightarrow CH_3COO^- + H^+$$

濃度 (mol/ℓ)　　0.050(1 − 0.010)　　0.050 × 0.010　　0.050 × 0.010

　したがって，電気伝導に関与する CH_3COO^- と H^+ の濃度は，両方とも 0.00050(mol/ℓ) である．(3.22) 式より，$\kappa = c_{CH_3COO^-}\lambda_{CH_3COO^-} + c_{H^+}\lambda_{H^+}$ であり，λ にそれぞれの無限希釈導電率を代入すると，$\kappa = 0.00050(\text{mol}/\ell) \times 40.9(\text{Scm}^2/\text{mol}) + 0.00050(\text{mol}/\ell) \times 349.8(\text{Scm}^2/\text{mol})$ となる．ここで，単位を cm で揃えると，

$$\kappa = 0.00050 \times 10^{-3}(\text{mol/cm}^3) \times 40.9(\text{Scm}^2/\text{mol}) + 0.00050 \times 10^{-3}(\text{mol/cm}^3) \times 349.8(\text{Scm}^2/\text{mol}) = 2.0 \times 10^{-5} + 17.5 \times 10^{-5}(\text{S/cm}) = 19.5 \times 10^{-5}(\text{S/cm})$$

が得られる．

[3-2]　ダニエル電池において，1mol/ℓ の硫酸銅水溶液に浸した銅電極と 0.1mol/ℓ の硫酸亜鉛水溶液に浸した亜鉛電極の間で得られる起電力を求めよ．ただし，電解質はすべて電離しており，イオンの活動度はすべて 1 とする．
(解答)　初めに，銅電極と亜鉛電極のそれぞれの電極電位を求める．まず，銅電極については，電極反応の平衡式が $Cu^{2+} + 2e^- \Leftrightarrow Cu$ となるので，$E_{Cu} = E_{Cu}° − (RT/2F) \cdot \ell n(a_{Cu}/a_{Cu^{2+}})$ となる．ここで，純物質固体の活動度は 1 とするので，

$$E_{Cu} = E_{Cu}° − (RT/2F) \cdot \ell n(1/a_{Cu^{2+}}) = E_{Cu}° + (RT/2F) \cdot \ell n(a_{Cu^{2+}})$$
$$= 0.34 + \{8.32 \times 298/(2 \times 96500)\} \cdot \ell n(1.0) = 0.34 \text{Vvs.SHE}$$

一方，亜鉛電極については，電極反応の平衡式が $Zn^{2+} + 2e^- \Leftrightarrow Zn$ となるので，

$$E_{Zn} = E_{Zn}° − (RT/2F) \cdot \ell n(1/a_{Zn^{2+}}) = E_{Zn}° + (RT/2F) \cdot \ell n(a_{Zn^{2+}})$$
$$= −0.76 + \{8.32 \times 298/(2 \times 96500)\} \cdot \ell n(0.1)$$
$$= −0.76 − 0.013 \times 2.30 = −0.79 \text{Vvs.SHE}$$

ところで，電池反応は $Zn + Cu^{2+} \Leftrightarrow Zn^{2+} + Cu$ である．したがって，起電力 U は，正極 (Cu) 電位 − 負極 (Zn) 電位であり，次式で与えられる．

$$U = 0.34 − (−0.79) = 1.13V$$

演習問題

3.1 0.1mol/ℓ の硫酸銅水溶液と 0.5 mol/ℓ の硫酸亜鉛水溶液を用いたダニエル電池の 25°C における起電力を求めよ.

3.2 25°C において純水中へ溶解して飽和状態にある AgCl 水溶液の導電率は,純水より 1.26×10^{-4} S/m だけ大きくなる.このときの AgCl の純水に対する溶解度を次の順序で求めよ.
AgCl は純水にほとんど溶けないので,この水溶液のモル導電率は AgCl の無限希釈導電率 Λ_{AgCl}^{∞} とみなすことができる.表 3.1 より, AgCl 水溶液のモル導電率 Λ_{AgCl} を求めよ.次に,純水の導電率は実質的に 0 S/m であるので, 1.26×10^{-4} S/m は AgCl 飽和水溶液の導電率と同じとみなせる.この溶液の導電率 κ と濃度 c およびモル導電率 Λ の間の関係を記し,濃度 c を求めよ.

3.3 ニカド電池のメモリー効果とはどのような現象で,その原因はどのように考えられているか.また,その防止方法について説明せよ.

3.4 リチウムイオン二次電池の正極には,現在 $LiCoO_2$, $LiNiO_2$ および $LiMn_2O_4$ などが使用されている.
これらの電極材料は,リチウム金属の電位に対して,約 4V 付近で動作すること,炭素系の負極材料と組み合わせた場合に,安定に動作することが知られている.さらなる性能向上を目指して,これらの正極材料よりもより高い電位で動作する材料が検討されている.そのような材料にはどのようなものがあるか.また,その高い電位はどのような理由で可能になるか.

3.5 燃料電池
水素を燃料とし酸素を酸化剤とする固体酸化物形燃料電池において, 1000°C における標準自由エネルギー変化が −193kJ/mol であるとき, 1000°C における標準起電力を求めよ.また,酸素と水蒸気の圧力を 1atm に保持しながら,水素の圧力のみを 1atm から 10atm に上昇させた場合の起電力を求めよ.また,水素と水蒸気の圧力を 1atm に保持しながら,酸素の圧力を 1atm から 10atm までに上昇させた場合の起電力を求めよ.

4 固体反応論

4.1 相転移
4.2 核生成と成長
4.3 拡散とその工学的応用

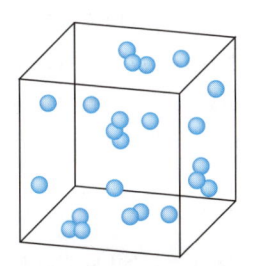

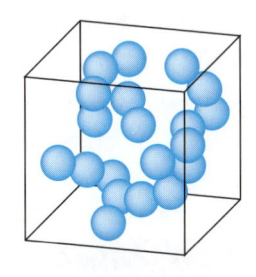

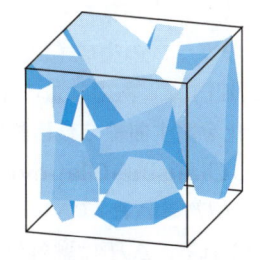

結晶成長の模式図

4.1 相転移

4.1.1 固相転移

ある固体物質が温度，圧力などの環境の変化によって，その**結晶構造**を変える現象を**転移** (transition) といい，これらの構造を**多形** (polymorphism) という．転移をおこす温度，圧力などが**転移点** (transition point) である．転移は固体物質が温度，圧力の変化において，最も**自由エネルギー**の低い安定な結晶配列をとろうとしておこる構造変化である．組成が変化せず，結晶構造のみが変化する転移を多形転移という．

温度 T，圧力 P の下での固相の自由エネルギー G は次式で表される．

$$G = E - TS + PV \tag{4.1}$$

ここで，E は内部エネルギー，S はエントロピー，V は体積である．圧力—体積項 PV は，温度変化および転移による変化分が他の項に比較して小さいので無視できる．すなわち，低温では内部エネルギー E が自由エネルギー G を支配する傾向があり，系は最低の内部エネルギーを持つような構造をとる．絶対零度では温度—エントロピー項 TS は零となり，自由エネルギーは内部エネルギーに等しい．温度が上昇すると，TS の G に対する寄与が大きくなり，より大きなエントロピーを持つ構造が G を最も小さくする．図 4.1 に示したように，2 種の多形 α と β を持つ化合物において，各々のエントロピー S_α，S_β は $S_\alpha < S_\beta$ であるとすると，低温における自由エネルギー G_α，G_β は $G_\alpha < G_\beta$ となるため，α 相が安定相となる．温度が上昇すると S が増大し，ある温度以上では $G_\alpha > G_\beta$ となって β 相が安定となる．この温度が転移点 (T_c) である．

G の T による 1 次微分が不連続である場合を 1 次転移と呼び，1 次微分が連続で 2 次微分が不連続である場合を 2 次転移と呼ぶ．1 次転移には，上記の多形転移や気相，液相，固相間の転移などが含まれ，エンタルピー H や体積 V に不連続な変化が見られる．2 次転移には，磁気転移，**規則 - 不規則転移**，液相からのガラスの生成 (4.2.3 項参照) などがあり，**比熱** (dH/dT) や**熱膨張係数** (dV/dT) など熱力学量の 1 次微分量に不連続な変化が見られる．転移温度の圧力変化を表す曲線を**転移曲線**と呼び，1 次転移の場合は**クラウジウス・クラペイロン** (Clausius-Clapeyron) の式

$$dP/dT = \Delta H / T\Delta V \tag{4.2}$$

で表される．ΔH は融解熱，蒸発熱，転移熱などを意味する．SiO_2 の転移曲線を図 4.2 に示す．

4.1 相転移

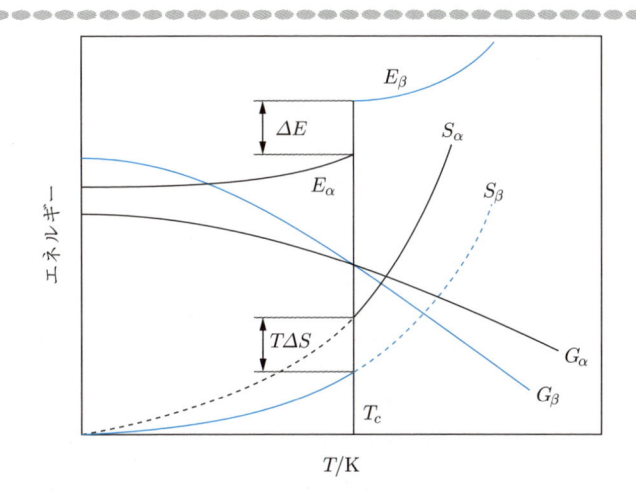

図 4.1 相転移の熱力学的変化

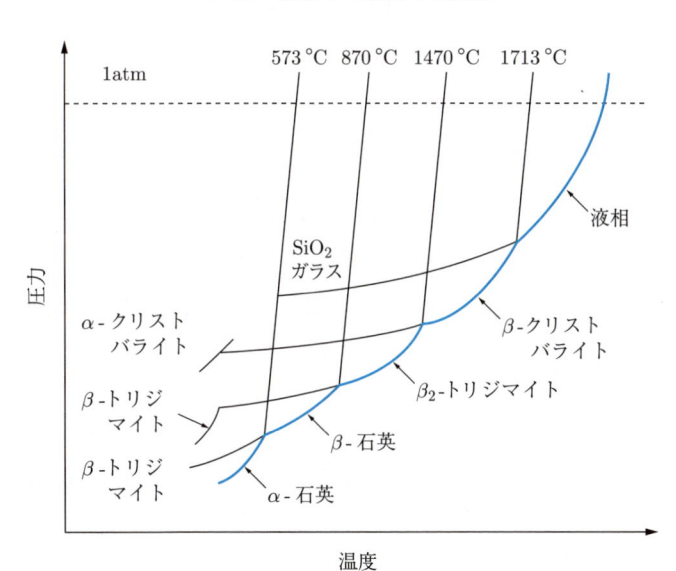

図 4.2 SiO_2 の転移曲線

4.1.2 多形転移と転移速度

多形転移は,外的条件の変化により,1つの**結晶構造**が不安定となり,新しい条件下で安定な別の結晶構造へ変化する現象である.したがって,結晶構造の変化の様式に基づいて多形転移を分類することができる(**表 4.1**).原子間の結合様式や配位数が変わる相転移では,原子(あるいはイオン)の移動距離が長く,**転移速度**は遅い.また,結合をいったん切断して再構成が必要なため,大きな**活性化エネルギー**を必要とする.グラファイトがダイヤモンドに転移する場合には,sp^2 混成軌道から sp^3 混成軌道の結合状態に大きく変化するため,転移に必要な活性化エネルギーも大きくなる(**図 4.3**).室温ではダイヤモンドの自由エネルギーよりもグラファイトの自由エネルギーが低いことから,グラファイトが安定となる.しかし,両者間の転移速度は非常に遅いため,ダイヤモンドは安定に存在する.このように相転移を考える場合には,化学平衡の他に転移速度の概念も重要となる.一方,配位数や配位多面体が変化しない転移では,原子の結合の切断もなく,わずかに結晶構造の対称性に変化が認められるだけなので,転移速度は速く活性化エネルギーも著しく小さい.これを**変位型転移**といい,$BaTiO_3$ の正方晶 ↔ 立方晶(強誘電相 ↔ 常誘電相),ZrO_2 の単斜晶 ↔ 正方晶の転移などが知られている.この他に構成原子相互の位置や,スピン方向,双極子の配向などが秩序のある構造から無秩序な構造に変化する規則‐不規則転移があり,Cu_3Au,$CuAu$ などの合金に認められる.

SiO_2 の多形において最も安定な結晶相は低温型の α‐石英であるが,加熱すると 573°C で高温型の β‐石英に転移する(4.1.1 項参照).この転移は変位型転移であるので,活性化エネルギーは小さく,転移速度はすみやかで,しかも可逆的である.さらに加熱していくと,870°C で β‐トリジマイトに転移し,さらに 1470°C で β‐クリストバライトに転移する.これらの転移は**再編型転移**であるので,活性化エネルギーは大きく,転移速度は遅い.転移後は元の配列に戻りにくく不可逆である.

転移が起こると構造が変わるので密度の変化が起こる.一般的に,配位数が増すような転移が起こると,原子の充填状態が良くなるので密度が増す.転移は主に温度と圧力によって支配されているが,圧力を加えると配位数は増す方向に,逆に温度を高めると減る方向に移動するのが普通である.

4.1 相転移

表 4.1 固体の相転移の分類

転移の種類		例
結合変化型転移	遅い	グラファイト (sp^2 混成) → ダイヤモンド (sp^3 混成)
配位変化型転移	遅い	α-Fe(bcc, 8 配位) → γ-Fe (fcc, 6 配位)
	速い	NH_4Cl (CsCl 型 → NaCl 型)
再編型転移	遅い	二酸化チタン TiO_2 (ルチル型 (6:3 配位) → アナターゼ型 (6:3 配位))
変位型転移	速い	α-石英 → β-石英 α-ZnS (せん亜鉛鉱型) → β-ZnS (ウルツ鉱型)
規則 − 不規則転移	速い	CuZn 合金中の Cu と Zn との原子位置
	速い	Fe のスピンの方向の変化 (磁性体 → 常磁性体)
	速い	NH_4I (NH_4I 結晶中の NH_4 の格子点での回転 (原子団の配向の変化))

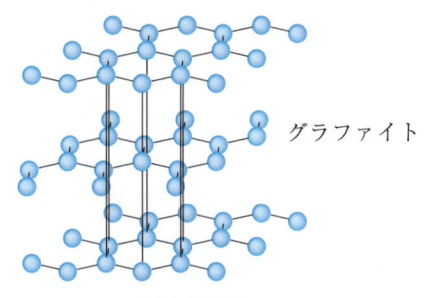

(a) sp^2 混成軌道 — グラファイト

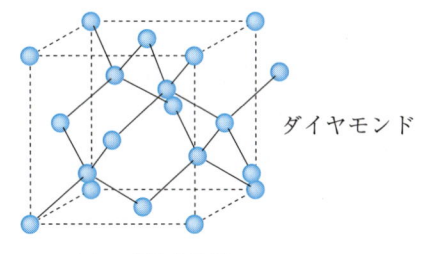

(b) sp^3 混成軌道 — ダイヤモンド

図 4.3 グラファイトとダイヤモンド

4.2 核生成と成長

4.2.1 均一核生成と不均一核生成

化学反応や相転移などによって新しい固相が析出する場合，初めはごく小さな粒子ができ，これが成長，合体して大きな結晶になる．最初に生成する粒子のことを核という．核が生成するためには，組成，温度，圧力などの変化によって，その系が**過飽和**の状態になることが必要である．すなわち，平衡からずれた準安定もしくは不安定な系からのみ核の生成が起こる．核生成には**均一核生成**と**不均一核生成**がある．均一核生成は，組成，温度，圧力などの**ゆらぎ**によって起こるために，核生成点を特定できない核生成をいい，気相や液相からの固相析出に見られる．不均一核生成は，基板，容器壁などの固体表面への気相や液相からの固相析出，固相内で別の固相が析出する場合などに見られる．

均一核生成

融液中には，結晶相に近い構造の小さな**クラスター**がたえず形成され消滅するといった局所的なゆらぎが存在する．もしもこのゆらぎによって形成されたクラスターが臨界サイズよりも大きければ，このクラスターは消滅することなく成長し，ついには相全体を結晶に変える．核生成とはこのような臨界サイズのクラスターを作るゆらぎのプロセスのことである．熱力学のゆらぎの理論によれば，クラスターの大きさと数はボルツマン分布で与えられる．すなわちアヴォガドロ数を N_A，ボルツマン定数を k_B とすれば，n 個の原子からなるクラスターのモル当たりの平衡分布数 $N_n{}^e$ は次式で表される．

$$N_n{}^e = N_A exp(-\Delta G_n / k_B T) \tag{4.3}$$

ここで ΔG_n はクラスター生成の最小可逆的仕事であり，クラスターを構成する相と初期相の自由エネルギー差と，クラスターの表面エネルギーの和で与えられる．クラスターの形状を球形と仮定すると，ΔG_n は次式で与えられる．

$$\Delta G_n = n\Delta G' + (36\pi)^{1/3} v^{2/3} n^{2/3} \sigma \tag{4.4}$$

ここで $\Delta G'$ は単位原子当たりの自由エネルギー差，v はモル体積，σ は単位面積当たりの表面エネルギーである．古典的核生成理論では，小さなクラスターに対してもバルクと同じ $\Delta G'$ と σ を仮定する．バルク状態での自由エネルギー差は ΔT にほぼ比例するので，(4.4)式の右辺第1項は $T > T_E$ で正，$T < T_E$ で負となる．ここで T_E は転移温度である．一方 σ は常に正であるから，図**4.4**に示すように ΔG_n は $T < T_E (\Delta T > 0)$ のとき $n = n*$ において最大値 ΔG_{n*}

を持つことになる. $n*$ は $\partial \Delta Gn/\partial n = 0$ から

$$n* = 32\pi\sigma^3/3v|\Delta G_v|^3 \tag{4.5}$$

$n*$ はクラスターの臨界サイズであり,クラスターの**臨界半径** $r*$ に直すと

$$r* = 2\sigma/\Delta G_v \tag{4.6}$$

となる.ここで ΔG_v は単位体積当たりの自由エネルギー差 ($\Delta G_v = \Delta G'/v$) である.相転移に伴う ΔG_v は次式で与えられる.

$$\Delta G_v = \Delta H_f \Delta T/T_E \tag{4.7}$$

ここで ΔH_f は単位体積当たりの転移のエンタルピー変化, $\Delta T(= T_E - T)$ は過冷却度である. ΔG_v に (4.7) 式を代入すると ΔG_{n*} は

$$\Delta G_{n*} = 16\pi\sigma^3 T_E{}^2/3\Delta H_f{}^2 \Delta T^2 \tag{4.8}$$

と得られる. ΔG_{n*} は核生成のための自由エネルギー障壁,すなわち活性化エネルギーである.すなわち融液中の原子の熱運動によって $n > n*(r > r*)$ のクラスターが生じると,このクラスターは消滅することなく成長を続ける.

$r*$ の大きさの**臨界核**の数は,ボルツマン因子 $\exp(-\Delta G_{n*}/kT)$ に比例する.この臨界核に母相から原子が移動してきて安定な核となるが,原子の移動速度はやはりボルツマン因子 $\exp(-\Delta G_m/kT)$ に比例する. ΔG_m は拡散など原子の移動の活性化エネルギーである.したがって,単位体積の母相内に単位時間当たり生成する核の数 $N\cdot$ (**核生成速度**) は

$$N\cdot \propto \exp\{-(\Delta G_{n*} + \Delta G_m)/kT\} \tag{4.9}$$

と表される.過冷却度が大きくなれば, ΔG_{n*} が小さくなり核生成速度が大きくなるが,さらに低温になると $\Delta G_m \gg \Delta G_{n*}$ となって速度は減少する.

不均一核生成

点欠陥,転位,粒界,表面など,母相と新相の界面自由エネルギーを下げる効果のある部分が存在すると,核生成の活性化エネルギーは減少し,核生成がこれらの部分で促進される.このような核生成を**不均一核生成**という.**均一核生成**が起こることは極めて希であり,通常は容器の壁や融液中の介在物といった異物質を核生成サイトとする不均一核生成が優先する(図 **4.5**).液相と異物質との界面エネルギー $\sigma_{l,c}$,核と異物質との界面エネルギー $\sigma_{n,c}$,液相と核の界面エネルギー $\sigma_{l,n}$ は,次式の釣り合い条件を満足する.

$$\sigma_{n,c} - \sigma_{l,c} = -\sigma_{l,n}\cos\theta \tag{4.10}$$

ここで l, c, n はそれぞれ液相,異物質,核を指している.液相と核の界面面積 $\Sigma_{l,n}$ および核と異物質の界面面積 $\Sigma_{n,c}$ は,図 **4.5** よりそれぞれ

$$\Sigma_{l,n} = 2\pi r^2(1-\cos\theta) \tag{4.11}$$

$$\Sigma_{n,c} = \pi r^2 \sin^2\theta \tag{4.12}$$

と得られ，異物質を優先サイトとして生成した不均一核の表面エネルギー Φ は

$$\begin{aligned}\Phi &= \Sigma_{l,n}\sigma + \Sigma_{n,c}(\sigma_{n,c} - \sigma_{l,c}) \\ &= 2\pi r^2(1-\cos\theta)\sigma + \pi r^2\sin^2\theta(\sigma_{n,c} - \sigma_{l,c})\end{aligned} \tag{4.13}$$

となる．同様にその体積は

$$V^{het} = 4/3\pi r^3 (1-\cos\theta)^2(2+\cos\theta)/4 \tag{4.14}$$

であり，したがって異物質を優先サイトとして1個の不均一核が形成されることによる系の自由エネルギーの変化 $\Delta G_n{}^{het}$ は

$$\Delta G_n{}^{het} = -\Delta G(T)V^{het} + \Phi \tag{4.15}$$

となる．(4.15)式に(4.7)，(4.10)，(4.11)，(4.12)式を代入し**均一核生成と同様の手順で計算すると，臨界核の半径 $r*$ として(4.6)式と同じ式が導かれる．すなわち，$r*$ は濡れ角 θ には依存しないことが分かる．一方，活性化エネルギー** $\Delta G_{n*}{}^{het}$ は，(4.15)式に(4.8)式を代入することにより，

$$\Delta G_{n*}{}^{het} = \Delta G_{n*}f(\theta) \tag{4.16}$$

と得られる．ただし

$$f(\theta) = 1/4(2 - 3\cos\theta + \cos^3\theta) \tag{4.17}$$

である．濡れ角の定義 ($0 \leqq \theta \leqq \pi$) から $0 \leqq f(\theta) \leqq 1$ であり，$\theta = \pi$ すなわち $f(\theta) = 1$ は均一核生成を意味する．また $f(\theta)$ は(4.17)式から明らかなように不均一核と均一核の体積の比を表しており，(4.13)式は以下のように表すこともできる．

$$\Delta G_{n*}{}^{het} = \Delta G_{n*}V^{het}*/V* \tag{4.18}$$

ただし $V^{het}*$，$V*$ は半径が $r*$ の不均一核，均一核の体積である．**不均一核生成の頻度** $I^{het.s}$ は，

$$I^{het.s} = N_c \nu_0 \Gamma_z \exp\{-(\Delta G_d + \Delta G_{n*}f(\theta))/k_B T\} \tag{4.19}$$

となる．ここで $\nu_0 (= 2\pi k_B T/h, h;\text{Planck}\,の定数)$ は原子の振動数であり，$\sim 10^{13}/s$ である．Γ_z は Zeldovich 係数 ($\Gamma_z = [\Delta G'/(6\pi k_B T_{n*})]^{1/2}$) で，通常 $0.01 \sim 0.1$ である．また ΔG_d は移動のエネルギー障壁，すなわち拡散の活性化エネルギーである．均一核生成との最も大きな違いは核生成の活性化エネルギーに $f(\theta)$ が係数として加わったことであるが，N_c は優先核生成サイトとなる異物質に面した原子の数であることも大きな違いである．

4.2 核生成と成長

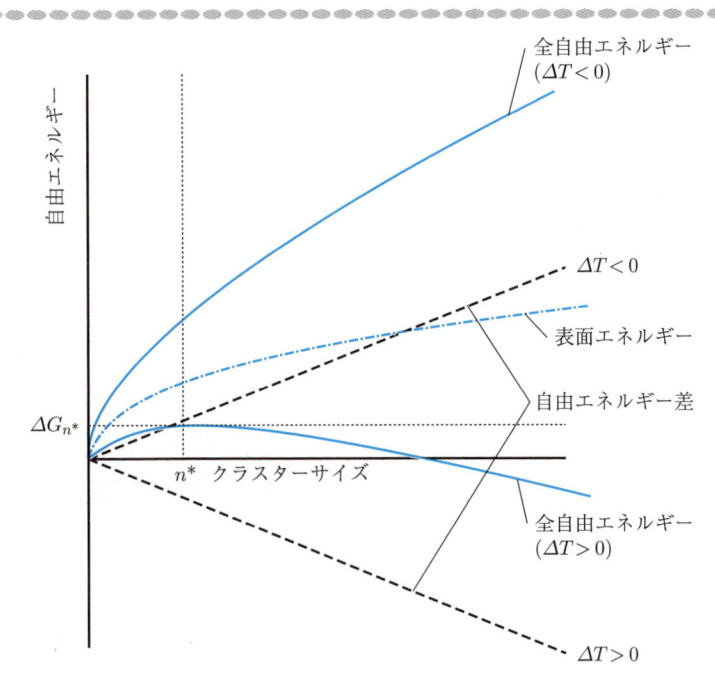

図 4.4 クラスターサイズと自由エネルギーの関係

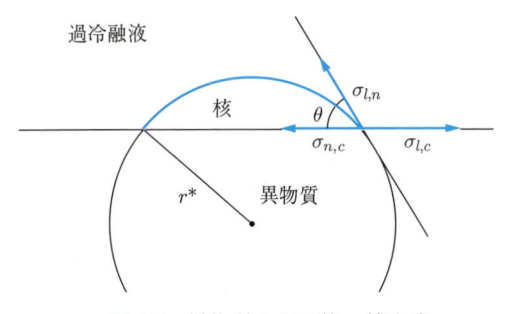

図 4.5 異物質上の不均一核生成

4.2.2 結晶成長

核が臨界の大きさ(臨界核)に達するまでは系の自由エネルギーは増大するが,引き続き成長することによってエネルギーを減少させながら平衡状態へ近づいていく．**核成長**は化学反応や拡散などの原子の移動によって行われる．

ある温度において，誘導時間 τ の後に球形の核が生成し，その半径が時間に比例して大きくなる場合，相境界は一定速度で広がっていく．ここでは，結晶粒子同士が接触するようになるまでの初期段階の成長速度を考える (図 **4.6**)．

粒径が時間に対して直線的に成長している球状結晶の体積は，時刻 t において

$$V_1 = (4/3)\pi v^3 (1-\tau)^3 \tag{4.20}$$

で与えられる．ここで，v は相境界の移動速度であり，その移動は等方的であると考える．時刻 t においてすでに転移を終えた部分の体積分率を $x(t)$ とすると，未転移部分の分率は $1-x(t)$ である．1個の粒子の**体積増加速度**は

$$dV_2/dt = \{1-x(t)\}dV_1/dt \tag{4.21}$$

であるから，全体としての体積増加速度は

$$dV_3/dt = (N \cdot d\tau)dV_2/dt = 4\pi v^3 N \cdot \{1-x(t)\}(t-\tau)^2 d\tau \tag{4.22}$$

となる．ここで，$N\cdot$ は**核生成**速度であり，時間に対して一定である．$\tau=0$ から $\tau=t$ までの間に生成したすべての核から成長した粒子の全体積増加速度は

$$\begin{aligned}dV_4/dt &= dx(t)/dt \\ &= 4\pi v^3 N \cdot \{1-x(t)\}\int_0^t (t-\tau)^2 d\tau\end{aligned} \tag{4.23}$$

である．(4.23) 式を $t=0$ で $x(t)=0$ という条件で解くと

$$x(t) = 1 - \exp\{-(\pi/3)v^3 N \cdot t^4\} \tag{4.24}$$

が得られる．

実際の相転移を伴う固体反応においては，球形以外の非等方的な形状の粒子が成長するのが一般的であり，成長する粒子が中期・終期段階では，互いに接触して全体としての成長速度を減少させる．**Avrami** はさらに詳しい考察を行い，核生成速度 $N\cdot$ が時間に対して不変である場合に，次のような一般式が成り立つことを示した．

$$x(t) = 1 - \exp\{-at^n\} \tag{4.25}$$

ここで，n は Avrami の指数と呼ばれる (**表4.2**)．a は物質と温度に特有の定数で，熱力学的および動力学的な因子が含まれている．

4.2 核生成と成長

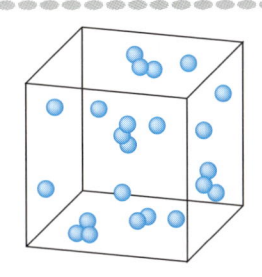

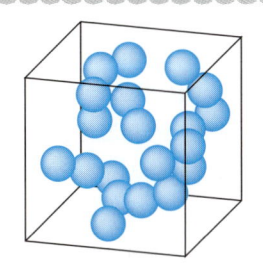

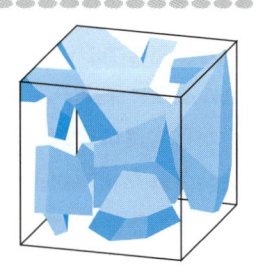

図 4.6 結晶成長の模式図

表 4.2 核生成と成長のモデルプロセスと対応する Avrami 式の n の値

反応機構モデル	n
転位を核生成点として成長	2/3
円柱状粒子の径方向への拡散律速成長	1
一定数の球状粒子が拡散律速で成長	3/2
一定厚さの円盤粒子が拡散律速で成長	2
核生成速度一定の下での拡散律速成長	5/2
一定数の球状粒子が界面律速で成長	3
一定数の共晶粒子の成長	3
核生成速度一定の下での共晶の成長	4

4.2.3 ガラスの結晶化

ガラスは熱力学的に準安定な状態にあるので，**ガラス転移温度** (Tg) 領域かそれ以上の温度に保持すると安定な結晶状態に移行する．結晶の析出は，高温の溶融状態から常温に冷却する過程で，液相温度以下の温度に保持した場合や，常温で固結された状態から原子の再配列が可能な Tg 領域かそれ以上の温度にまで徐々に再加熱された場合に進行する (図 4.7)．ガラス工学においては，製造・加工の過程で望ましくないものとして結晶析出が起こることを**失透**と呼ぶのに対して，結晶析出現象を積極的に利用して種々の特性を持つガラス製品を創出することを**結晶化**と呼んでいる．

結晶化の過程は，結晶核の生成と核の成長 (**結晶成長**) の二段階を経て進行する．まず結晶核が生成し，これを核として結晶が成長する．結晶核の生成形態には，ガラスの内部から一様に生ずる均一核生成 (homogeneous nucleation) と，ガラスの表面あるいは内部に存在する異種物質の表面から生ずる不均一核生成 (heterogeneous nucleation) とがある．一般的にガラスの結晶化は表面より始まることが多く，表面結晶化と呼ばれているが，この場合は不均一核生成が起こっている．ついで，結晶核は加熱の方法により様々の形や大きさに成長し，結晶化がガラス全体におよぶ．

核生成速度 I および結晶成長速度 U は次式で与えられる．

$$I = AD\exp(-a\gamma^3/\Delta Gv^2 RT) \tag{4.26}$$

$$U = f\lambda D'[1 - \exp(-\Delta Gv/RT)] \tag{4.27}$$

ここで D，D' は母相と結晶の界面における原子の拡散定数で，移動の活性化エネルギーを ΔE とすると $\exp(-\Delta E/RT)$ に比例する定数，ΔGv は母相と結晶の単位体積当たりの自由エネルギー差，a は核の形状因子，γ は母相と結晶の界面における界面エネルギー，λ は原子のジャンプ距離，f は結晶界面において原子を受け入れることのできるサイトの割合，A は定数である．核生成速度および結晶成長速度の温度依存性を図 **4.8** に示す．核生成は融点よりはるかに低い温度で起こり始め，温度 T_N でその速度は最大となる．T_N においては多数の核が生成するが，それよりも低温または高温においては生成速度が減少し，少数の核しか生成しない．核の成長はより高い温度 (T_R) で最高となる．均一核生成が起こる場合には，T_N/Tg は 1.00〜1.05 で，$T_N \geq Tg$ であるのに対し，不均一核生成 (表面結晶化) では $T_N < Tg$ であることが明らかになった．

4.2 核生成と成長

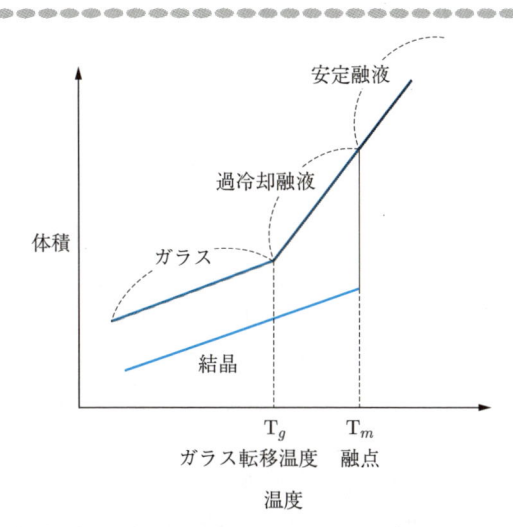

図 4.7 液体‑結晶間の相転移と，ガラス形成液体の体積の温度変化

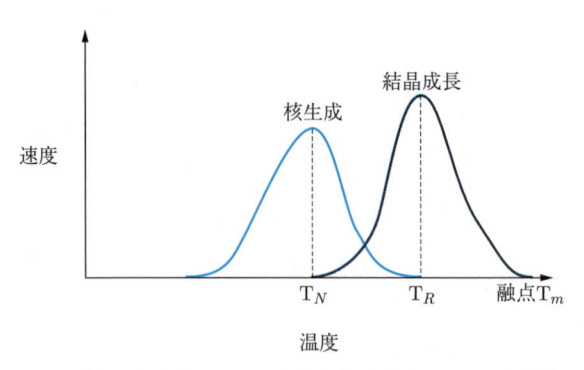

図 4.8 核生成速度 I および結晶成長速度 U の温度依存性

4.2.4 結晶化ガラス

ガラスを再加熱し,結晶を析出させて作られる材料を**結晶化ガラス**あるいは**ガラスセラミックス** (glass-ceramics) という.結晶化処理の特徴は,(i) 結晶核生成剤の添加など,ガラスの結晶化の条件を調整することによって核生成や結晶成長を制御し,構成結晶粒子を 0.02〜20μm 程度の大きさに揃えることができる.(ii) 原料を一度均一な融液にするため,気孔のない緻密な構造の製品が得られる.(iii) ガラスの軟化温度は普通 500〜700°C であるが,結晶化により 1000〜1300°C に上げられ,耐熱性の向上が図られる,などである.

組成,微細構造,結晶化のための加熱条件を調整することによって,**表 4.3** に示すような多種多様の特性を持つ結晶化ガラスが作られている.(1) 耐熱衝撃性が高く,調理鍋や加熱板として利用される $Li_2O - Al_2O_3 - SiO_2$ 系低膨張 (ゼロ膨張) 結晶化ガラス,(2) 耐熱容器として利用される透明結晶化ガラス,(3) 強誘電体結晶を含む電子機能結晶化ガラス,(4) 磁気ディスクなどの基板として利用される高強度・高じん性結晶化ガラス (たとえば,カナサイト結晶化ガラス),(5) 普通の旋盤やのこぎりで機械加工 (切断や研削) が可能な $K_2O - MgO - Al_2O_3 - B_2O_3 - SiO_2 - F$ 系マシナブル (マイカ) 結晶化ガラス,(6) 美観を有する壁面に使用され,ガラス製品のように加熱によって曲げることができる $CaO - Al_2O_3 - SiO_2$ 系建材用結晶化ガラス,(7) 高強度で生体活性を有する $MgO - CaO - P_2O_5 - SiO_2$ 系人工骨結晶化ガラス,などである.

高強度結晶化ガラスの作製法である**微分表面結晶化法**は,表面の結晶化の速度がバルク内と異なることを利用して,表面層に異なった組成の結晶を析出させる方法である.この機構で表面圧縮層を生成するには,表面付近に低膨張結晶相を選択的に析出させる必要がある.たとえば,$MgO - Al_2O_3 - SiO_2$ 系のガラスを 900°C で結晶化させると,ガラス内部にはムライト ($3Al_2O_3 \cdot 2SiO_2$) が生成するが,その後 1100°C で再熱処理をすると,表面付近に低膨張相であるコージェライト ($2MgO \cdot 2Al_2O_3 \cdot 5SiO_2$) が析出する.これを冷却すると表面に圧縮層が生成し強化される (**図 4.9**).同組成のガラスに ZrO_2 を核生成剤として添加すると,β-石英固溶体が析出する.この固溶体は Mg を含有し,さらに熱処理をするとスピネル ($MgAl_2O_4$) が析出する.スピネルはパッキングのよい結晶構造を持ち,比較的高熱膨張率の相であるが,スピネルは主としてガラス内部で結晶化するために冷却過程で表面に圧縮応力が生ずる.

4.2 核生成と成長

表 4.3 主な実用結晶化ガラス

種類	組成 (核形成剤)	主結晶相	特徴	用途
低膨張	$Li_2O - Al_2O_3 - SiO_2$ (TiO_2, ZrO_2, P_2O_5)	β-石英固溶体またはβ-スポジュメン固溶体	低膨張, 透明または不透明	食器, 熱交換器, ストーブ, レンジ, 耐熱窓, 反射望遠鏡
高強度	$Na_2O - Al_2O_3 - SiO_2$ (TiO_2)	ネフェリン	釉薬で強化	食器 (茶碗, 皿)
高抵抗	$MgO - Al_2O_3 - SiO_2$ (TiO_2)	コージェライト	高周波絶縁体	IC 基盤
感光	$Li_2O - Al_2O_3 - SiO_2$ (Au, Ce)	$Li_2O \cdot 2SiO_2$	化学切削可能	流体素子
低融	$PbO - ZnO - B_2O_3$	Pb, Zn のホウ酸塩	低融点, 高抵抗	ブラウン管, その他の封着
高誘電率	$BaO - SrO - PbO - Nb_2O_5 - SiO_2$	Nb_2O_5	高誘電率	コンデンサ
スラグ	$Na_2O - CaO - ZnO - Al_2O_3 - SiO_2(Mn, Fe)$	ウォラストナイト, アノーサイト, ジオプサイト	高強度, 着色	壁材, 床材, タイル
マイカ	$SiO_2 - B_2O_3 - Al_2O_3 - MgO - K_2O - F$	雲母 $KMg_3AlSi_3O_{10}F_2$	機械加工可, 絶縁性, 耐熱衝撃性	電気絶縁材料
建材用	$Na_2O - K_2O - CaO - ZnO - Al_2O_3 - SiO_2$	β-ウォラストナイト	美麗, ガラス質多い	壁材

900°Cで熱処理するとムライトが内部に析出する.

⬇

1100°Cで熱処理すると表面にコージエライトが析出する.

⬇

冷却すると内部が高膨張率, 表面が低膨張率なので, 表面に圧縮層ができる.

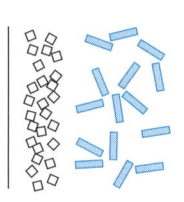

図 4.9 微分表面結晶化法による高強度結晶化ガラスの生成

4.2.5 核生成のない転移 (スピノーダル分解)

ガラスの**分相** (phase separation) や規則 - 不規則転移では，核生成と成長の過程を経ないで転移が起こる場合がある．ガラスの分相現象は種々の系で観測されており，これは液相温度とガラス転移温度 (4.2.3 項参照) の中間温度域に起こる二液不混和の現象としてとして理解され，熱力学的に溶液の正則混合の場合と同様に取り扱って説明できる．

液相において 2 つの成分が互いに溶解しあうとき，その乱雑さが増すためエントロピーが増大する．同時に，他の成分との相互作用によりエンタルピーも増加する．エントロピーの増加は自由エネルギーを低下させるように働き，エンタルピーの増加は自由エネルギーを増加させるように働く．両者の兼ね合いにより，端成分付近で凹型，内側の組成部分で凸型の曲線になる場合を図 **4.10** に示す．c_1, c_2 は，この曲線の共通接線の接点の組成である．この場合，c_1 から c_2 の組成範囲では，単一の液相の自由エネルギーより c_1 と c_2 の液相の共存となった方が自由エネルギーは低く安定になる．たとえば組成 c_x において，単一の液相の自由エネルギー (G_{sngl}) より c_1 の組成の自由エネルギー (G_1) と c_2 の組成の自由エネルギー (G_2) の重み付き (存在比を重みとする) 平均 (G_{mix}) の方が低くなる．そのため，2 つの液相 c_1, c_2 の共存となる．

このような系では，内側の組成ほどエントロピーは大きく，温度上昇とともにエントロピーの効果は増加する．そのため，温度上昇に伴って，自由エネルギー曲線の凸部分は少なくなっていき，ついには，全体にわたって凹型の曲線になり，2 つの液相の共存状態はなくなる．この 2 つの液相の共存する部分は**不混和領域 (溶解度ギャップ：miscibility gap)** と呼ばれる．図 **4.11** に温度の高低による自由エネルギーの変化を，図 **4.12** にこれに対応する状態図を示す．斜線 (I) の組成 - 温度範囲を準安定領域，(II) を不安定領域と呼ぶ．準安定領域にある溶液は液滴状の不混和を起こし，不安定領域の溶液はからみ合い構造を呈する不混和が起こる．つまり，(I) では核生成による分相，(II) では**スピノーダル分解** (spinodal decomposition) による分相が起こることに対応する．

スピノーダル分解を利用した**多孔質ガラス**の製造では，分相によって生じた一方のガラス相を酸などの水溶液で溶出する．ホウケイ酸ソーダガラスを分相させ，ホウ酸ソーダの相を酸で溶出すれば，からみ合いの多孔質構造を持ったシリカガラスが得られる．この工程を図 **4.13** に示す．

図 4.10 不混和領域を生じる系の自由エネルギーと組成の関係

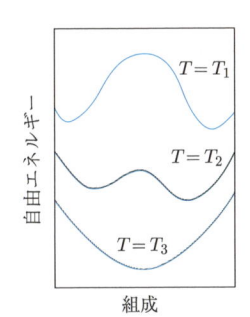

図 4.11 二相不混和領域を持つ二成分系の自由エネルギーの温度変化

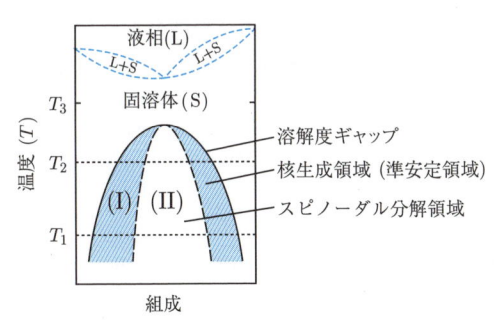

図 4.12 二相不混和領域を持つ二成分系状態図

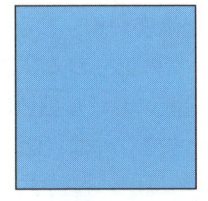

(a) 未分相ホウケイ酸ソーダガラス

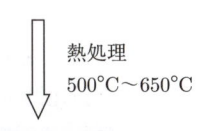

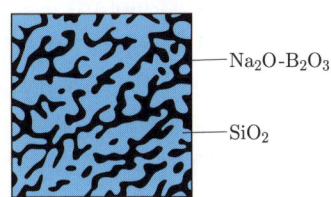

熱処理
500°C〜650°C

(b) 分相ガラス

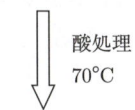

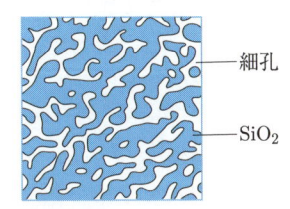

酸処理
70°C

(c) 多孔質シリカガラス

図 4.13 スピノーダル分解を利用する多孔質ガラスの合成

● 4.3 拡散とその工学的応用 ●

4.3.1 拡散の法則

固体内での原子やイオンの**拡散** (diffusion) は，本質的には流体の場合と同様に，不均一な濃度が均一になっていく現象として取り扱うことができる．拡散は次のフィックの第一および第二法則によって数学的に表すことができる．

ある一定温度における拡散は，その系に存在する物質 (原子，イオン) の濃度差によって生じる．いま，**図 4.14** のように，高濃度 C_h の場所から x だけ離れた低濃度 C_l の場所に移動する場合の物質の**流束** (単位面積を単位時間当たり通過する物質の量)J は，濃度勾配 dC/dx に比例すると考えられるから，

$$J = -DdC/dx \tag{4.28}$$

と表される．これは**フィックの第一法則**と呼ばれる経験則であり，拡散の基本式である．ここで，比例定数 D を**拡散係数** (diffusion coefficient) と呼ぶ．定義から，J の単位は mol m^{-2}s^{-1} で，濃度勾配は (mol m^{-3})(m^{-1}) であるから，D の単位は SI 単位系では m^{2}S^{-1} となる．この式には時間が変数として入っていないことからも分かるように，定常状態の拡散を考える場合に利用される．

実際の拡散現象では，濃度が時間とともに変化するような非定常状態を扱う場合が多い．**図 4.15** のように x 方向だけを考えると，ある場所 x で幅 Δx に存在する物質の量は $C(x)\Delta x$ である．その場所での物質の量の変化 $\Delta C(x)\Delta x$ は，そこに注目している時間 Δt の間に流入する物質の流束 $J(x)$ と流出する流束 $J(x+\Delta x)$ の差によって生じる．式で書けば，$\Delta C(x)\Delta x = \{J(x) - J(x+\Delta x)\}\Delta t$，あるいは $\Delta C(x)/\Delta t = \{J(x) - J(x+\Delta x)\}/\Delta x$ となる．これを微分型にし，(4.28) 式のフィックの第一法則を代入したものが**フィックの第二法則**あるいは**拡散方程式**と呼ばれるものである．

$$dC/dt = d/dx(DdC/dx) \tag{4.29}$$

拡散係数が濃度によらず一定であるならば，

$$dC/dt = Dd^2C/dx^2 \tag{4.30}$$

となり，この式を与えられた初期条件および境界条件の下で解くと，拡散現象の様子を理解することができる．

拡散係数は温度によって変化し，その温度依存性はアレニウスの式に従う．

$$D = D_0 e^{-Q/RT} \tag{4.31}$$

ここで，Q は**拡散の活性化エネルギー**である．Q の値によって拡散機構を議論することができる．

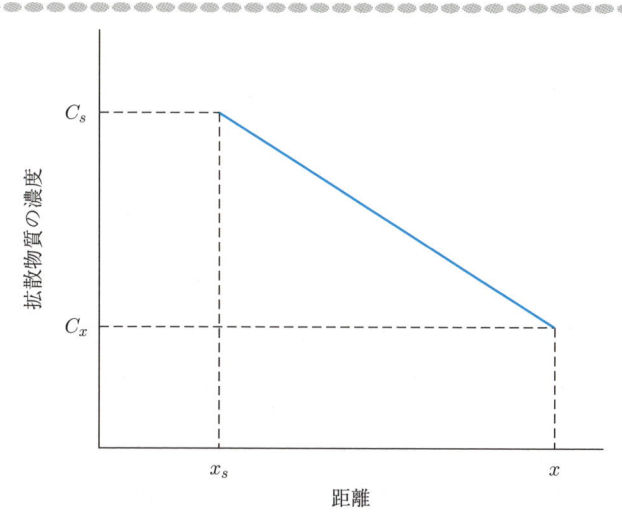

図 4.14 定常条件における拡散

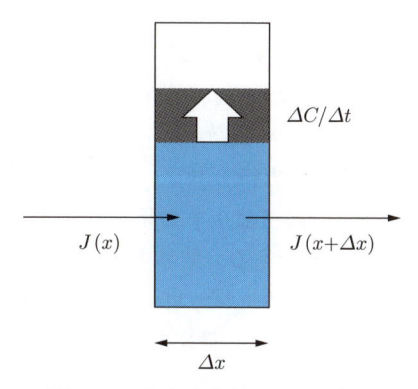

図 4.15 非定常条件における拡散

4.3.1.1 拡散の種類—拡散原子種による分類—

合金などの場合，溶質原子の拡散なのか，溶媒原子の拡散なのか，あるいは両者の拡散なのかを示す必要がある．拡散に関与する原子あるいは拡散の条件を考慮して拡散を分類すると次のようになる．

(1) 自己拡散 (Self diffusion)

固体中の原子やイオンが，格子欠陥を介して，熱エネルギーや表面エネルギー，あるいは電場勾配によって，成分元素自体が拡散する現象を**自己拡散**と呼ぶ．気体や液体中の分子の拡散がブラウン運動による不規則な熱運動として取り扱われるように，固体中の原子の拡散は，これと似た方法で，格子位置から別の格子位置への原子の**ランダムウォーク** (random walk：酔歩) として取り扱うことができる．

純粋な金属の結晶の中でも各原子はジャンプして移動するのであるが，そのままでは外部からみて拡散が起こったのかどうかを検出することができないので，拡散速度を知ることもできない．これを測定するためには純金属の試料にその金属の放射性同位元素をメッキしたものを拡散処理 (適当な温度で所定時間保持) して，放射性同位元素が試料の中にどのように拡散侵入していくかを放射能を測定して調べればよい．すなわち放射性同位元素の原子を**トレーサー**として拡散を調べるわけで，トレーサー拡散とも呼ばれている．

いま，図 **4.16** のような単純立方格子中で，トレーサーが 1 つのサイト (格子位置) から隣のサイトへ単位時間当たり f の頻度でジャンプを繰り返しながら，ランダムウォークをする場合を考える．結晶中の x 方向に沿って r だけ離れて存在する 1,2 の結晶面上に位置するトレーサーの単位面積当たりの濃度を n_1, n_2 とする．x, y, z のすべての方向へ等しい確率でジャンプできるので，δt の時間に 1 から 2 の面にジャンプするトレーサーの数は $(1/6) n_1 f \delta t$，逆に 2 から 1 の面にジャンプする数は $(1/6) n_2 f \delta t$ となる．したがって，1 から 2 の面への正味の流速 J は，

$$J = (1/6) f (n_1 - n_2) \tag{4.32}$$

トレーサーの濃度を単位体積当たりに直すと，

$$C_1 = n_1/r, \quad C_2 = n_2/r \tag{4.33}$$

となる．また，$C_2 - C_1 = r(dC/dx)$ とおけるので，単位面積当たり，単位時間当たりのトレーサーの流速 J は，

$$J = -(1/6) f r^2 (dC/dx) \tag{4.34}$$

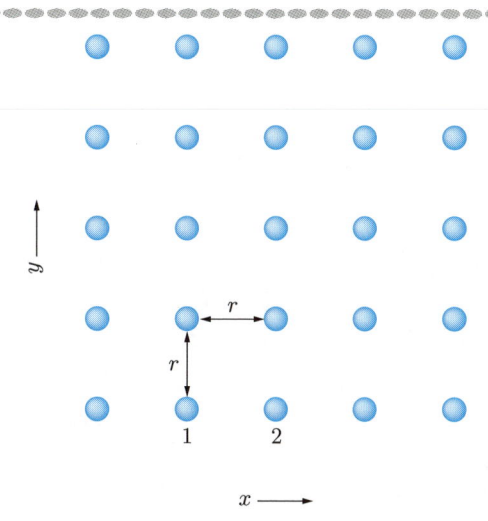

図 4.16　単純立方格子のモデル

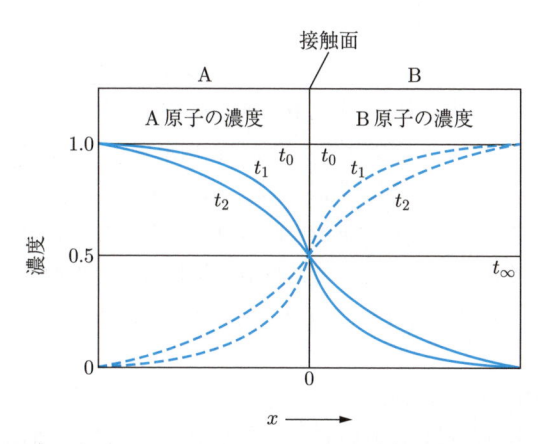

図 4.17　金属 A と B の接合による原子濃度分布の時間変化

となる．この式は，フィックの第一法則 ((4.28) 式参照) と同等とみなされ，
$$D = (1/6)fr^2 \tag{4.35}$$
という関係が成り立つ．ここで，f と r は結晶構造や拡散機構 (4.3.1.2 項参照) などに依存する値である．

(2) 不純物拡散 (Impurity diffusion)

　金属 A の試料に金属 B をメッキしたものを拡散処理した場合を考える．金属 B の分量が極めて微量であって，金属 A にとっては拡散侵入してきた金属 B は不純物であるとみなせる場合には**不純物拡散**と呼ばれる．B の分量が微量であるため，普通の化学分析で拡散を調べるのは容易ではない．この場合にも放射性同位元素が役に立つ．A と B よりなる均一な合金の表面に，微量な M 元素をメッキとして拡散させれば合金中の不純物拡散を調べることができる．M 元素の代りに A あるいは B を用いた場合には，A と B よりなる合金中での A あるいは B 原子の自己拡散という呼び方をするのが普通である．

(3) 相互拡散 (Inter diffusion)，化学拡散 (Chemical diffusion)

　濃度勾配下で高濃度側から低濃度側へ溶質が互いに拡散する現象を，**相互拡散**あるいは**化学拡散**という．金属 A と金属 B の塊を圧接などの適当な方法で接合したもの (拡散対と呼ばれる) を拡散処理した場合を考える．金属 A と金属 B とは互いに固溶し合うことができるとすると，両金属の原子は拡散処理によって互いに入り混じって，最終的には 1 つの均一な合金になる (図 **4.17**)．このような拡散は相互拡散あるいは化学拡散と呼ばれる．この場合には拡散の進行とともに濃度が大きく変化していくので，拡散の解析は自己拡散や不純物拡散に比べて複雑となる．濃度が異なる 2 つの合金を接合したものを拡散対とする場合も相互拡散である．

(4) 反応拡散 (Reaction diffusion)

　上記の相互拡散の拡散対において，金属 A 中への金属 B，あるいは金属 B 中への金属 A の固溶度が限られていて，A と B よりなる金属間化合物の相を形成するような場合には，A と B の間に化合物の層が形成され，その厚さが拡散時間とともに次第に増加していく．このような拡散は**反応拡散**と呼ばれる．金属を酸化雰囲気中に入れた場合に酸化物層のような表面層が形成される場合も反応拡散として取り扱われる．反応拡散は理論的解析が容易でないが，材料工学的には重要な現象である．

4.3.1.2 拡散の種類—拡散の原子的機構による分類—

結晶中での原子の拡散移動の基本的素過程は，原子の最隣接位置へのジャンプである．各原子が多数回の脈動的ジャンプをすることによって，巨視的に観測することができるような拡散現象(たとえば濃度分布の変化など)をもたらす．このようなジャンプを実現させるための原子的条件，すなわち拡散の原子的機構としては図 4.18 のようなものが知られている．

(1) 空孔拡散機構

空孔機構においては，結晶中に存在する**空孔** (vacancy) がそれに隣接する原子の 1 つと位置を交換することによって拡散ジャンプが起こる．原子が空孔の位置へジャンプすると，元の位置は空孔になる．この場合，空孔としては熱平衡状態で存在するものを主として考えるが，人工的に過飽和状態として導入された非平衡空孔でもよい．図 4.18(a) において空孔が $1 \to 2 \to 3 \to 4$ と位置交換をしていくにつれ，2，3 および 4 の位置にあった原子はそれぞれ 1 回ずつジャンプする．空孔機構における原子のジャンプの難易，すなわち原子拡散の難易を支配する因子は 2 つある．その第 1 は原子の隣の位置に空孔が存在するかどうかということである．これは結晶中の空孔の濃度に関係している．第 2 はその空孔のところへ原子がジャンプすることの難易である．これは空孔の移動の難易と全く同じである．これら 2 つの過程はともに熱エネルギーの助けによって起こるものであり，それぞれ特定な活性化エネルギーが必要である．

(2) 準格子間原子拡散機構

図 4.18(b) に示すように，まず格子点を占めていた原子が格子間位置へジャンプして格子間原子となり，ついでこれが $2 \to 3 \to 4 \to 5 \to 6$ のように格子間位置を次々にジャンプしていくものであり，やはり 2 つの過程 (格子間原子の形成と移動) によって支配される．フレンケル欠陥を持つ結晶内で起こる拡散機構である．よく知られている例は塩化銀，臭化銀であり，銀イオンが正規格子点から格子間位置にずれてフレンケル欠陥が生じる．

(3) 原子交換拡散機構およびリング拡散機構

これは空孔のような格子欠陥の存在を必要としないものであり，2 個，3 個あるいはそれ以上の多原子の群が協調的に同時に位置を交換し合うことによって起こる拡散である．図 4.18(c) の場合は直接交換拡散機構と呼ばれている．図 4.18(d) のようなものはリング拡散機構と呼ばれている．規則格子合金や金属

間化合物においては,ある原子が拡散ジャンプをした後でもジャンプ前と同じ規則度が保たれなければならないので,図 4.18(e) のような特別な機構が必要となる.図 4.18(e) は 2 次元的に模式的に示してあるので厳密な図ではないが,実際に空孔が 3 次元的に特定な位置をたどって 6 回のジャンプをリング状に次々と起こすものであり,6 回ジャンプ・サイクル機構と呼ばれている.これは空孔機構とリング機構が同時に起こっているようなものである.

(4) 格子間原子拡散機構

図 4.18(f) のように初めから格子間位置に固溶している侵入型不純物原子が格子間位置を次々にジャンプしていくものであり,格子間不純物拡散機構とも呼ばれる.これと図 4.18(b) の準格子間拡散と異なる点は,拡散の難易を支配する過程が 1 つだけ (移動だけ) ということである.**格子間機構**は空孔機構に比べて格子の歪みは大きい.したがって,格子間原子が格子点原子に対して相対的に小さい場合に起こりやすい機構である.

(5) 解離拡散機構

置換型に固溶していた不純物原子が図 4.18(g) のように格子間原子と空孔とに解離して拡散するものであり,Pb 中の Au などの異常に高速な拡散の原因がこれであることが明らかにされている.

(6) 緩和空孔拡散機構

図 4.18(h) のように空孔が 1 格子点に局在せずに多数の格子点にわたって緩和されていて,この緩和された領域が結晶中を移動することによって,空孔の移動,すなわちそれと逆の方向への原子の拡散が起こるというものである.

(7) 密集イオン拡散機構

図 4.18(i) のように格子間原子が結晶中のある特定な方向の原子列上の数個の原子にわたって緩和されていて,この領域がこの原子列の方向に移動していくことによって拡散が起こるというものである.

以上のように種々の拡散機構が考えられているが,実際の結晶において起こったという確証が得られていないものもある.純金属の自己拡散の場合について,図 4.18 の各々の機構について活性化エネルギーを理論的に検討した結果によれば,空孔機構は活性化エネルギーが最も低くて好都合である.

結晶には複空孔や 3 重空孔など,2 個以上の空孔の集合体も存在するが,通常の条件下ではそれらの数も少なく,拡散にはあまり重要な影響は与えない.

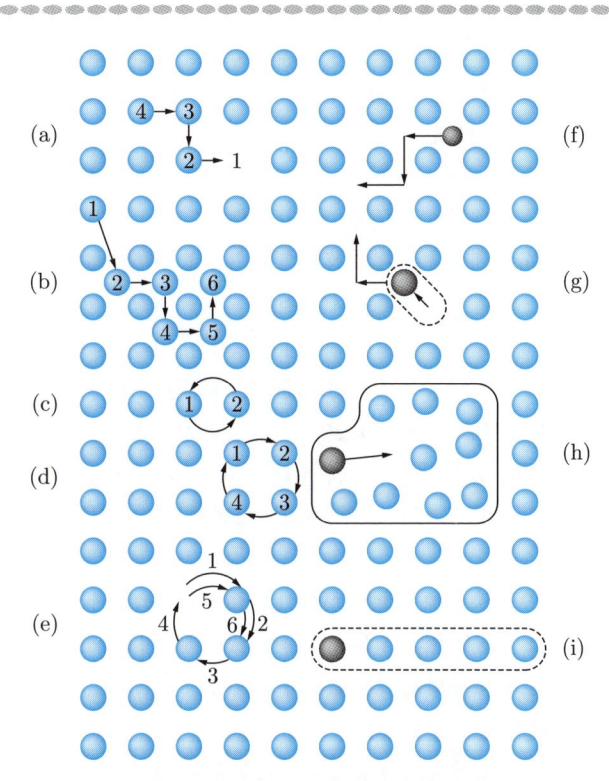

図 4.18 結晶中の各種の拡散機構

(a) 空孔機構, (b) 準格子間機構, (c) 直接交換機構, (d) 4リング機構, (e) 6回ジャンプ・サイクル機構, (f) 格子間機構, (g) 解離機構, (h) 緩和空孔機構, (i) 密集イオン機構

4.3.1.3 拡散の種類—拡散経路による分類—

多結晶体の結晶粒界や表面近傍の原子の配列モデルを図 4.19 に示す．結晶中での原子の拡散は，原子の移動経路によって次の4つに大別される．

(1) 体積拡散または格子拡散

体積拡散とは，物質に熱エネルギーが加えられることによって，格子点に束縛されていた原子等が移動する現象であり，**格子拡散**とも呼ばれる．実際の結晶中に存在する欠陥を利用する物質移動である．この体積拡散によって，固相反応が起こり，また結晶が成長する．

(2) 表面拡散

表面を形成している原子，あるいは表面に吸着された原子が表面に沿って拡散移動する．**表面拡散**の様子を図 4.20 に示す．結晶内部に比べて表面は元々欠陥が多いため，大きなエネルギーを持っている．このエネルギーが駆動力となり，表面の凸部から平坦部・凹部へと物質が移動する．

(3) 粒界拡散

粒界あるいはその近傍は原子配列が乱れた部分であり，不純物等が偏折しやすく，表面ほどではないが欠陥が多い．そのため，原子は格子中よりも移動しやすい．粒界に沿う原子移動は**粒界拡散**と呼ばれる．

(4) 転位拡散または転位パイプ拡散

転位線は拡散しようとする原子にとっては結晶中のパイプ・ラインの役割をすることが知られている．転位線に沿った拡散は**転位拡散**あるいは転位パイプ拡散と呼ばれる．

(2)，(3) および (4) の拡散は (1) よりは容易であり，(1) に対しては近道であるため，これらは**短絡拡散** (short circuiting diffusion) と総称される．一般的にはこれら4つの経路による拡散は同時に起こるものであるが，それぞれの経路をとる原子の数が異なり，またその経路中での原子の拡散速度やその温度依存性も互いに異なる．よく焼なまして転位密度を小さくした単結晶，あるいは粒の大きな多結晶試料においては (3) および (4) の経路が少なく，それらの経路を通って拡散する原子の数も (1) に比べて少ないので，比較的高温では観測される拡散は体積拡散のみによるものとみなすことができる．温度が低くなると体積拡散の速度は短絡拡散のそれに比べて著しく遅くなる場合が多いので，全体として観測される拡散に対する (3) および (4) による拡散の相対的寄与が大きくなる．

4.3 拡散とその工学的応用

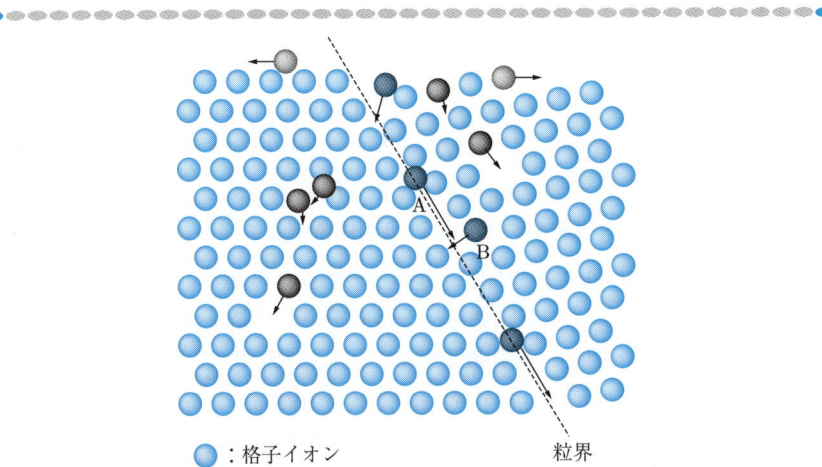

○：格子イオン
●：格子内を拡散するイオン
●：粒界を拡散するイオン
○：表面を拡散するイオン

粒界

図 4.19 原子の配列のレベルでみた拡散経路
 隣接する原子間の距離は 0.2〜0.3nm.
 A:粒界に沿った拡散
 B:粒界を過ぎる拡散

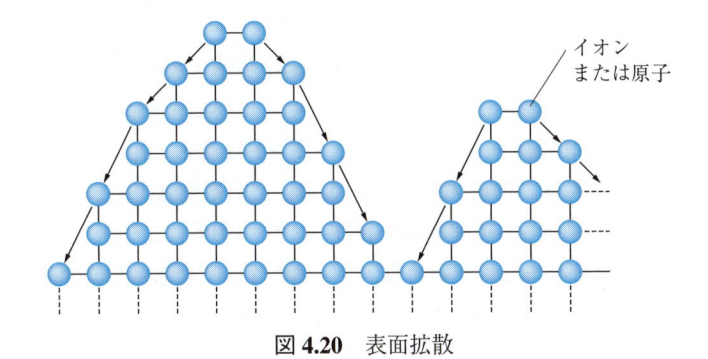

イオンまたは原子

図 4.20 表面拡散

4.3.2 拡散とイオン伝導

物質中に存在するイオンは，その熱エネルギーがある値を超えれば電界中で拡散し，**イオン伝導** (ionic conduction) を生じる．固体の導電率は電子伝導とイオン伝導の両方の寄与を含む値であるが，電子伝導に比較してイオン伝導が顕著なもの，つまり，イオン輸率がほぼ 1 の伝導体を**イオン伝導体**という．イオン伝導体のなかでも導電率の高いものは**固体電解質** (solid electrolyte) というが，fast ionic conductor あるいは super ionic conductor とも呼ばれる．

イオンの**拡散機構**には，空孔機構，格子間機構，準格子間機構の 3 種が知られている (4.3.1.2 項参照)．空孔機構では，空孔に隣接しているイオンが空孔の位置に移動し，結果的に空孔の移動方向とは逆方向にイオンが移動する．格子間機構では，格子間にあるイオンが隣接する格子間位置に移る．格子間機構ではキャリアイオンが実際にイオン伝導種になるが，空孔機構ではイオンの動きと逆方向に動く空孔がキャリアになると考えることもできる．準格子間機構では格子間イオンが格子イオンを別の位置へ追い出して，自分は格子位置へ納まるという過程を繰り返すため，キャリアイオンは変化する．いずれの場合もイオンの拡散が関与する過程であるため，拡散の駆動力は熱による振動であり，イオンが十分な熱エネルギーを持つことにより，ポテンシャル障壁を越えて隣の空孔あるいは格子間位置に移動する．このため，イオン導電率 σ_i は，次のネルンスト・アインシュタイン (**Nernst-Einstein**) の式で表現される．

$$\sigma_i = nZ^2 D / fkT \tag{4.36}$$

ここで n, Z, D は伝導種 (空孔，格子間イオン) の濃度，有効電荷，拡散係数である．相関係数 f は，拡散の幾何学的な過程に関連するため，結晶構造と拡散機構によって異なる．格子間機構では $f=1$ で，他は 1 より小さい値をとる．

イオン導電率が大きくなるためには，キャリア (格子欠陥) 濃度が高いことと，拡散係数が大きいことが必要である．イオン結合性セラミックスでは，(i) 原子配列に隙間が多い構造を持つ結晶またはガラスのように，イオンが移動するのに都合のよい構造的な条件が満たされている場合，(ii) 結晶中でイオンが占有することのできる位置がイオンの数よりも過剰にあり，それらの位置エネルギーにあまり差がない場合，(iii) 添加物の添加などにより格子欠陥を外因的に導入し，純粋な物質に比べて格子欠陥濃度を高くした場合などに高イオン伝導性を示す．代表的なイオン伝導体を表 4.4 に，β-アルミナの構造を図 4.21 に示す．

4.3 拡散とその工学的応用

表 4.4 代表的なイオン伝導体

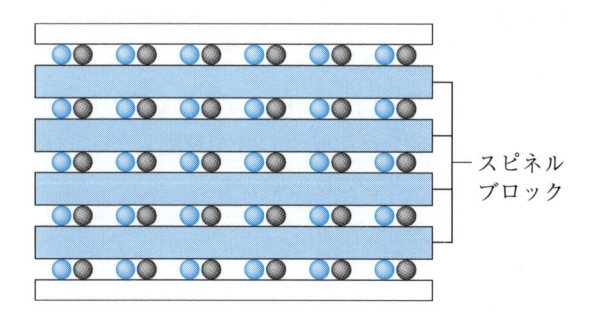

可動イオン	イオン伝導体	伝導度 ($S \cdot cm^{-1}$)
Ag^+	$\alpha - AgI$	$2 \times 10^0 (200°C)$
	$RbAg_4I_5$	$2.7 \times 10^{-1} (25°C)$
	$AgI - Ag_2O - B_2O_3 (ガラス)$	$1 \times 10^{-2} (25°C)$
Cu^+	$Rb_4Cu_{16}I_7Cl_{13}$	$3.4 \times 10^{-1} (25°C)$
	$CuI - Cu_2MoO_4 - Cu_{13}PO_4 (ガラス)$	$4 \times 10^{-3} (25°C)$
	$CuBr - Cu_2MoO_4 - CuPO_3 (ガラス)$	$2 \times 10^{-3} (25°C)$
Li^+	Li_3N	$1.2 \times 10^{-3} (25°C)$
	$Li_{14}Zn(GeO_4)_4 (LISICON)$	$1.3 \times 10^{-1} (300°C)$
	$Li_{1.3}Ti_{1.7}Al_{0.3}P_3O_{12}$	$8 \times 10^{-4} (25°C)$
	$LiI - Li_2S - SiS_2 (ガラス)$	$2 \times 10^{-3} (25°C)$
Na^+	$Na_2O \cdot 11Al_2O_3 (\beta\text{-アルミナ})$	$1.3 \times 10^{-1} (300°C)$
	$NaZr_2P_2SiO_{12} (NASICOM)$	$3 \times 10^{-1} (300°C)$
H^+	$HU_2PO_4 \cdot 4H_2O$	$7 \times 10^0 (100°C)$
	$H_3(PMo_{12}O_{40}) \cdot 29H_2O$	$2 \times 10^{-2} (25°C)$
	$SrCe_{0.95}Yb_{0.05}O_{3-\alpha}$	$8 \times 10^{-3} (800°C)$
	$BaCe_{0.9}Nd_{0.1}O_{3-\alpha}$	$2.2 \times 10^{-2} (800°C)$
O^{2-}	$Zr_{0.85}Ca_{0.15}O_{1.85}$	$2 \times 10^{-3} (800°C)$
	$Zr_{0.82}Y_{0.18}O_{1.91}$	$2 \times 10^{-2} (800°C)$
	$Bi_{1.5}Y_{0.5}O_3$	$3 \times 10^{-1} (800°C)$
F^-	CaF_2	$3 \times 10^{-6} (300°C)$
	$\beta - PbF_2$	$1 \times 10^{-3} (200°C)$
	$\beta - PbSnF_2$	$8 \times 10^{-2} (200°C)$

● : Na^+ イオン
● : O^{2-} イオン

図 4.21 β-アルミナの構造

4.3.3 固相反応

AとBの2粒子を高温で接触させるとイオンの**相互拡散** (4.3.1.1項参照) により図 **4.22**(a) に示すような**固相反応** (solid state reaction) が起こる．この場合は原系と生成系の自由エネルギーの差 ΔG が駆動力となって反応が進行し，AとBの粒子が完全に消耗し，すべてがC粒子となったとき反応は止まる．同種Aの2粒子を高温で接触させると，図 **4.22**(b) に示すような**焼結反応** (sintering reaction)(4.3.4項参照) が起こる．接触点からイオンの相互拡散が起こり，接合部は次第に成長して1個の大粒子となって反応は止まる．焼結反応も一種の固相反応といえるが，その際の表面エネルギーの差 ΔG が成長の駆動力となっている点で固相反応と区別する．

固相反応の実際の過程では，生成相Cが原料相AとBの間に介在し，これを隔てることになるので，この生成相中での反応物質の濃度差あるいは化学ポテンシャルの差による物質移動が重要となる．AとBがそれぞれ Al_2O_3 とMgOである場合について考えると，中間に $MgAl_2O_4$ スピネルが生成する．反応にあずかる拡散成分の移動速度は，反応速度定数，生成相の厚さ，生成相中の拡散成分の濃度差，拡散係数，拡散断面積をそれぞれ k, x, Δc, D, A とすると，

$$(1/A)dx/dt = D(k\Delta c/x) \tag{4.37}$$

である．この式を積分すると，

$$x^2 = kDt \tag{4.38}$$

という関係 (**放物線則**) が得られる．すなわち，生成相の厚さの2乗は拡散係数と時間に比例関係にあることが分かる．

次にAのなかに半径 r のB粒子が存在する場合を考える (図 **4.23**)．ここでは少なくともA,Bのうち1成分は生成相C中を移動しなければならない．生成相の厚さを x とすると，このときの反応率 α は，

$$\alpha = [r^3 - (r-x)^3]/r^3 \tag{4.39}$$

である．これを変形すれば，

$$x = r[1-(1-\alpha)^{1/3}] \tag{4.40}$$

となり，これより，以下に示す**ヤンダー式** (**Jander's equation**) が得られる．

$$(1-(1-\alpha)^{1/3})^2 = kt \tag{4.41}$$

ヤンダーは $BaCO_3 + SiO_2 \rightarrow BaSiO_3 + CO_2 \uparrow$ の反応において，発生する CO_2 量を連続的に定量し，α と t との間に (4.41) 式が成立することを実証している (図 **4.24**)．

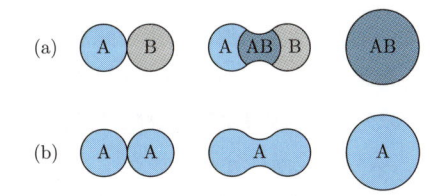

図 4.22 2粒子間の固相反応と焼結

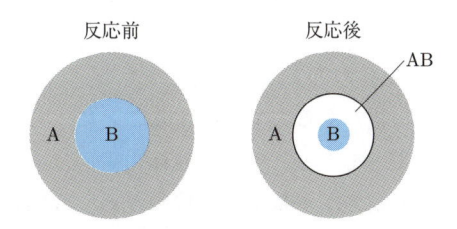

図 4.23 固体粒子反応のモデル

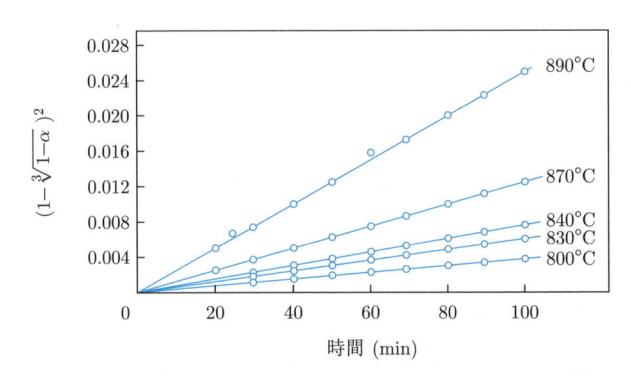

図 4.24 $BaCO_3 + SiO_2 \rightarrow BaSiO_3 + CO_2 \uparrow$ 固相反応におけるヤンダー式の適用性

温度が変わってもほぼ直線性が保たれており，ヤンダー式が成立することが分かる．この式は平面反応を仮定して導かれたものであり，その利用は焼結の初期段階に限られる．このため，ヤンダーの1次元の拡散式を3次元の球状粒子に拡大したり，粒径分布，接触点の数，粒形変化，反応中の球体の体積変化を考慮するなどの改良が試みられたが，仮定が多くなったり，条件が限られたりして計算が複雑になることが多く，最適な式は得られていない．これは固相反応機構が複雑なことを実証している．

4.3.4 焼結

焼結 (sintering) とは，セラミックス原料粉末を融点よりも低い温度で加熱処理し，粉末同士を凝着・凝集させることをいう．焼結過程で粒子間の接触面積が増加して隙間 (空隙) が減少する (図 4.25)．焼結は，粒子の凝着，凝集，**緻密化**のプロセスであって，次の 3 段階に分けられる．

(1) 初期焼結段階：接触部分における凝着，結合
(2) 中期焼結段階：接触部分への物質移動，結合部の面積の増大と**頸部 (ネック) 成長** (neck growth)
(3) 終期焼結段階：気孔の消失，緻密化

粒子の中や表面を，物質がある力で移動することによって焼結が起こる．その駆動力は表面エネルギーである．固体や液体の表面は，内部よりも高いエネルギー状態にあって，過剰のエネルギーを持つため，収縮して表面積を小さくしようとする力，すなわち表面張力が働く．焼結過程では，表面積をできるだけ小さくする方向へ物質移動が起こる．物質の移動が起こりやすい固体粒子ほど焼結しやすい．粒子径が小さくなると表面積が増すので，物質移動が速くなり，焼結しやすくなるので，粒径は物質移動の機構にも影響を及ぼす．

この物質移動には，次の 3 通りの機構 (速度過程) がある．

(1) 体積拡散，粒界拡散，表面拡散など**拡散機構**
(2) **蒸発凝縮機構**
(3) 粘性流動，塑性流動など**流動機構**

焼結における物質移動は拡散が中心で，多結晶体中の拡散には，結晶粒内の体積拡散 D_v，粒界拡散 D_g，バルク表面の拡散 D_s がある．一般的には，$D_v < D_g < D_s$ となり，拡散の活性化エネルギーは逆の順に小さくなる．表面の原子配列を考えてみると，凹部に比べて凸部の欠陥が多いと考えられる．つまり凹部に比べて凸部の表面エネルギーは大きいため，蒸気圧も凹部に比べて凸部が高い．そのため，原子やイオンが凸部から凹部へ移動するが，移動によって凹部では凝縮が起こり，新しい結晶が成長する．つまり蒸発と凝縮は気相を介する物質移動である．さらに粘性流動によって結晶全体が塑性変形して，焼結は終了する (図 4.26)．体積拡散と粒界拡散は全体を緻密化させるが，表面拡散と蒸発・凝縮は緻密化させない．また，表面拡散が一度生じてしまうと，後でいくら体積拡散が生じても緻密化は生じにくくなる．

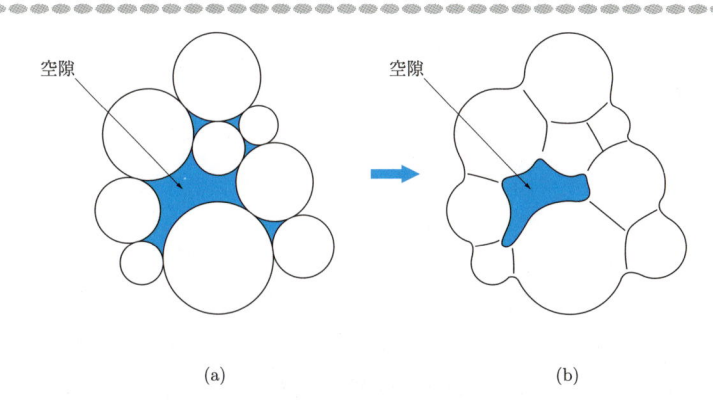

4.3 拡散とその工学的応用　　　　　　　　　　　　　　　**181**

図 **4.25**　焼結過程
(a) 初期焼結段階　(b) 中期焼結段階

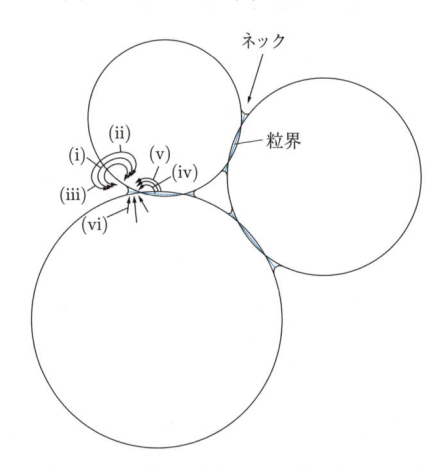

図 **4.26**　初期焼結段階での物質移動機構
(i) 表面拡散機構　(ii) 体積拡散機構　(iii) 蒸発凝縮機構
(iv) 粒界拡散機構　(v) 体積拡散機構　(vi) 流動機構

焼結法

(1) 普通焼結 (常圧焼結)

粉体を圧縮して圧粉体を製造した後，常圧 (無加圧) 下で高温で焼結する方法で，大型で複雑な形状の焼結体の作製が容易である．緻密化という点では不十分である．

(2) 加圧焼結

加圧下で焼結を行う方法で，焼結温度，緻密化温度の低下，焼結時間の短縮などの他，高圧安定相の焼結体の作製，炭化物や窒化物などの難焼結体の焼結も可能である．高温で焼結中に，押し棒で原料粉末を圧縮して緻密化する**ホットプレス (HP**：hot press) **法 (図 4.27)** や，カプセルに入れた粉末，または孤立気孔を含む焼結体を，高温でガス圧をかけながら静水圧的に緻密化する**熱間静水圧プレス法 (HIP**：hot isostatic press) などがある．

(3) 反応焼結

非酸化物の焼結，たとえば，炭化ケイ素 (SiC) のように Si と C を反応させると同時に緻密化する焼結法で，難焼結性物質の焼結を短時間に行えて，自動化および連続化が可能である．

(4) 液相焼結

焼結温度において融解するような低融点の第二成分をわずかに添加し，液相を共存させて緻密化を促進する焼結法を液相焼結 (liquid phase sintering; sintering with liquid phase) という．この場合，緻密化の促進に必要な液相の条件は，(i) 液相が固相粒子を十分にぬらす (ぬれ)，(ii) 固相は液相にある程度溶解する，(iii) 液相の粘度が低く，液相に溶けた固相原子の拡散係数が大きい，(iv) 適量の液相が存在する，ことである．液相共存下での焼結過程は固相焼結過程とは異なる．加熱中に液相が生成すると，初めに固体粒子の再配列が起こり，成形体が緻密化する．固相粒子の充填した隙間を埋める量以上の液相が存在すれば，この過程だけで緻密な焼結体になる．十分な量の液相が存在しないときには，溶解—析出過程で緻密化が起こる．液相は固相粒子の接触点に圧縮応力を及ぼすので，この部分の固相の化学ポテンシャルが高くなり，固相粒子成分は液相中に溶解し，化学ポテンシャルの低い部分に析出して，緻密化する．一般に，液相が存在すると粒界の物質移動速度が大きくなるので，粒成長速度も大きい．さらに焼結が進むと，ネック部の成長と粒径の増大がみられる．

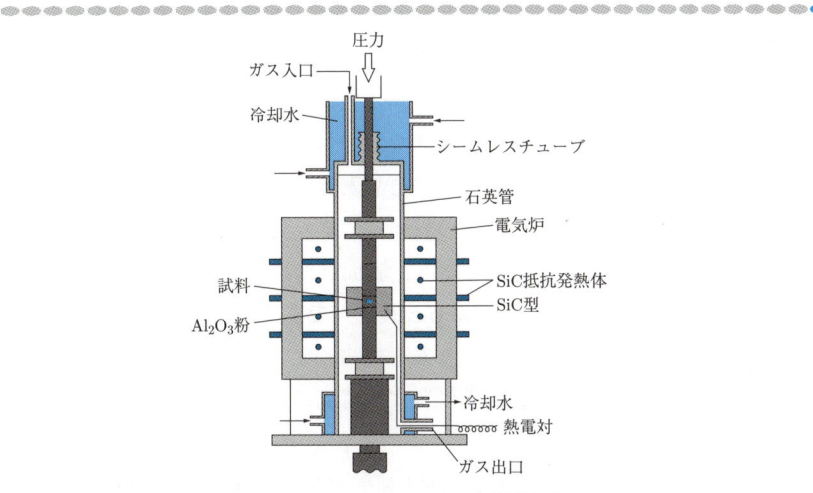

図 4.27 ホットプレスの装置図

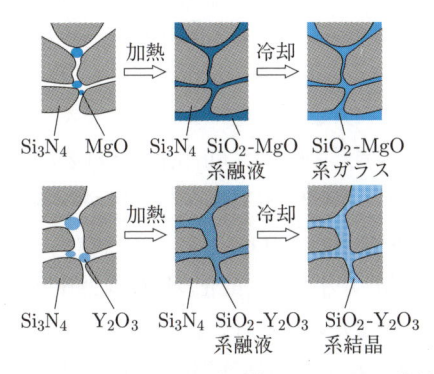

図 4.28 MgO および Y_2O_3 を添加した Si_3N_4 焼結体の粒界

難焼結性の Si_3N_4 では，MgO，Y_2O_3 などを焼結助剤として加え，1700°C 付近で焼結する．これら酸化物を加えることにより $Si_3N_4-SiO_2-$ 酸化物系が液相を生成し，かつ Si_3N_4 がこれに溶解するので，焼結の主な過程は溶解—再析出となる．焼結後 MgO，Y_2O_3 は粒界に残存する．MgO は Si_3N_4 の表面酸化物と反応して SiO_2-MgO 系のガラスを界面に形成し，これが結合を助けるが，結晶の融点より低い温度で軟化するため高温強度は低い．これに対して，Y_2O_3 が Si_3N_4 の表面酸化物と反応してできる液相は，冷却過程で高融点を持つ $Si_3N_4-Y_2O_3$ 系の化合物として析出するので，結晶融点付近まで軟化しないため，比較的高温まで高強度のまま保つことができる．

4.3.5 シリコン上の誘電体酸化皮膜

半導体の **p-n** 接合は拡散を巧みに利用して作られる．たとえば，高純度シリコン単結晶の表面にリン，ヒ素 (n 型) あるいはホウ素，アルミニウム (p 型) などをスパッタリング法やイオン注入法などで付けた後，レーザーなどで局所的に加熱して拡散させると，シリコン単結晶表面にある程度の深さまで n あるいは p 層が形成される．さらに，その表面に，より高濃度に p または n 層を形成する元素を付けて短時間拡散させると，表面近傍は p または n 層になり，結果として図 4.29 に示すように表面に p-n 接合ができる．高純度シリコンは高抵抗ではあるが，電子の動きは添加される不純物イオンの移動速度よりもはるかに速やかである．適切な拡散層形成に要する時間は，添加する不純物イオンの拡散速度で決まる．

半導体メモリーなどの高性能情報素子に欠かせない **MOS**(metal oxide semiconductor) 接合構造は，金属の高温酸化反応を利用して作られる．MOS トランジスター (MOS transistor) の構造を図 4.30 に示す．電流が流れ込むソース (source) 電極と流れ出るドレイン (drain) 電極との間の半導体表面にゲート (gate) 電極を設け，ここに加える電圧によってソース～ドレイン間の電流を制御する．外部からキャリア (電子または正孔) を受け入れるゲートの構造は，上から金属 M ／酸化膜 O ／半導体 S(MOS) の 3 層から成る．酸化によって単結晶シリコンの表面に薄い酸化膜 (SiO_2，シリカ) を作り，その上に金属膜を蒸着する．シリカは電子伝導性が小さく，酸化皮膜の成長速度は遅いため，厚さを制御した薄いシリカ層を作るためには好都合である．いま，ゲートに電圧をかけても，ソース (陰極) とドレイン (陽極) 間の電流通路は n-p-n 配列をとるため，2 つの界面のうちどちらかの界面は逆方向となっているのでソース電流は流れない．しかし，ゲートに強い正電圧をかけると，界面近傍に多数の伝導電子が生じて p 領域は実質的には n 型となり，ソースとドレイン間の通路は n-n-n 配列となって電流は流れる．このように，ゲート電圧 V_G がある臨界値 V_{GO} を超えるまではソース電流は流れない．すなわち，ゲート圧力が $V_G > V_{GO}$ の状態を ON，$V_G < V_{GO}$ の状態を OFF とすれば，理論回路の 1 と 0 に対応してスイッチングする機能を持つ半導体メモリーとなる．比較的小さい消費電力で動作し，高密度に集積できるのが特徴で，素子を小さくすることで高速化が可能である．

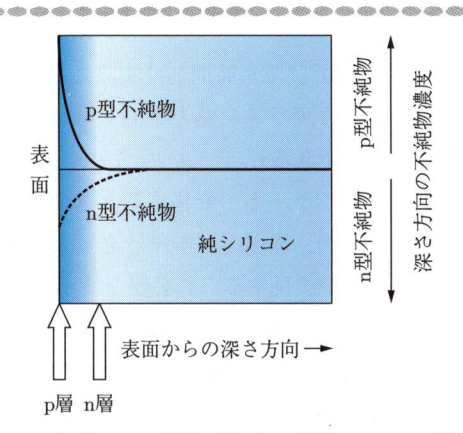

図 **4.29** シリコン表面の p-n 接合形成と不純物イオンの拡散プロファイル

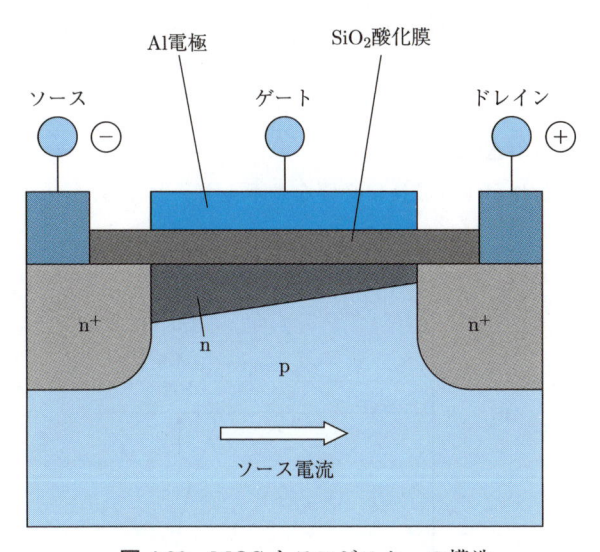

図 **4.30** MOS トランジスターの構造

例題

[4-1] シリカガラスを 1100°C で長時間加熱すると，結晶化して高温型のクリストバライトになる．シリカガラスを熱力学的な単一相とみなすと，この過程は均一核生成とみることができる．

シリカガラスからクリストバライトへ転移するときの単位体積当たりのギブスエネルギー変化を $\Delta G_v (<0)$，界面エネルギーを γ とする．この転移のギブスエネルギー変化，および核が成長するのに必要な最小半径 (臨界核半径) を求めよ．このとき，体積変化およびひずみによる弾性エネルギー変化は無視できるものとする．また，核が成長するのに必要なエネルギーを求めよ．

(解答) 系のギブスエネルギー変化を ΔG，核の半径を r とすると，

$$\Delta G = 4\pi r^2 \gamma + (4/3)\pi r^3 \Delta G_v \tag{4.42}$$

となる．この関係を図 **4.31** に示す．臨界核半径 $r*$ は，$\partial \Delta G/\partial \gamma = 0$ より，

$$r* = -2\gamma/\Delta G_v \tag{4.43}$$

であり，そのときのギブスエネルギー変化 $\Delta G*$ は，

$$\Delta G* = 16\pi\gamma^3/3(\Delta G_v)^2 \tag{4.44}$$

で与えられる．これが核の成長に必要なエネルギーとなる．

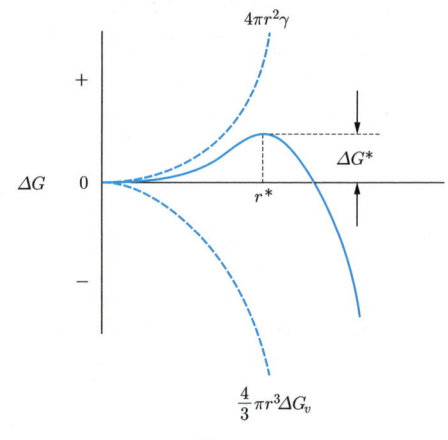

図 **4.31**

演習問題

4.1 初期焼結の体積拡散機構モデルに関して，半径 r の 2 つの球状粒子が焼結して収縮し，ネック成長する様子を図 **4.32** に示す．図より，ネック部分の曲率半径 ρ と体積 V を近似的に x と r で表せ．ただし，$x \gg \rho$ が成立するものとする．

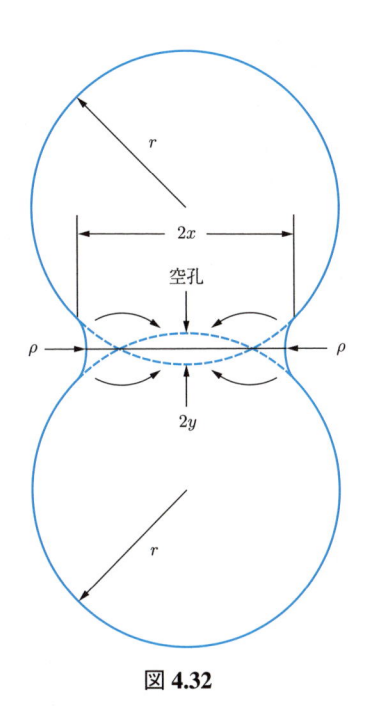

図 4.32

演習問題の略解

1 章
1.1 CsCl 型：Cs-1 個, Cl-1 個, ルチル型：Ti-2 個, O-4 個
1.2 単位格子中には, ナトリウムイオンが 4 個と塩化物イオンが 4 個含まれている. そこで,
単位格子中のイオンの質量 $m = 4 \times (23.0 + 35.5)/(6.02 \times 10^{23})$ (g)
単位格子の体積 $V = (5.63 \times 10^{-8})^3$ (cm^3)
よって, 密度 $= m/V = 0.218 \times 10 = 2.18 (\text{g/cm}^3)$ と求められる.
1.3 TiO の Ti と O について, ともに x だけ格子空孔が生成されると, その組成式は $Ti_{1-x}O_{1-x}$ で表される. そのとき, Ti の空孔表示は, $(V_{Ti}'')_x$ であり, O の空孔表示は, $(V_O'')_x$ である.
1.4 Zr 位置を置換した Y は, Y_{Zr}' と表示される. また, 結晶全体として電気的な中性を保つことから, Y_{Zr}' の半分の酸素格子空孔が生成する. 酸素の格子空孔は, $V_O^{¨}$ と表示される. この 2 種類の格子欠陥は, 有効電荷が正と負であるので, 静電的に引き合い格子欠陥の対 $(Y_{Zr}')(V_O^{¨})(Y_{Zr}')$ を形成する. この対は, 会合と呼ばれる.
安定化ジルコニアは, 酸素格子空孔を多く含むために, 高温になると酸化物イオンが格子空孔を介して移動しやすくなる. したがって, イオン伝導体として酸素センサーや燃料電池の隔壁として使用されている. しかし, もし会合が形成されると正負の有効電荷は打ち消しあってゼロとなるので, 電気伝導度は減少する.

2 章
2.1 ΔH と ΔU には次の関係式が成り立つ.
$$\Delta H = U + p\Delta v$$
エンタルピーの変化量は与えられた熱に等しいので, $\Delta H = 1.0 \times 10^4 [\text{J}]$. また, $\Delta v = 4.0 \text{m}^3$ であるから, $p\Delta v = 4.0 \times 1.013 \times 10^5 [\text{m}^3 \times (\text{N/m}^2)] = 4.00 \times 10^5 [\text{J}]$. これらの値を代入すると, $\Delta U = -3.9 \times 10^5 [\text{J}]$.
2.2 ア：熱, イ：w, ウ：$(-nRT)/V$
2.3 $U = nRT \ln(V_2/V_1)$. この式に $n = 1.0$, $R = 8.31 [\text{J/K}^{-1}\text{mol}^{-1}]$, $T = 300 [\text{K}]$ を代入して $1.01 [\text{kJ}]$.

2.4 気体の物質量 n は状態方程式を利用して 0.405[mol]．$p_n \cdot v_n^\gamma = $ 一定から $T_1/T_2 = (v_2/v_1)^{\gamma-1}$．$T_1$=300[K]，および $\gamma = Cp/Cv$ であるから T_2=1371[K] となり，このときの仕事量 w $= -n \cdot Cv(T_2-T_1) = -5.21$[kJ] は内部エネルギーの増加分に等しい．

3章

3.1 (3.56) 式より，平衡電極電位と活動度の間には，E_e(Vvs.SHE) $= E°$(Vvs.SHE) $- (RT/nF) \cdot \ell n(a_R/a_O)$ の関係が成立する．ところで，硫酸銅水溶液と銅の間の電極反応が平衡に達したとき，

$Cu^{2+} + 2e^- \Leftrightarrow Cu$

と表される．また，O(酸化体) は Cu^{2+} であり，R(還元体) は Cu である．したがって，

$Ee_{Cu} = E°_{Cu} - (RT/2F) \cdot \ell n(a_{Cu}/a_{Cu^{2+}})$

ここで，銅は純粋な金属であるので，その活動度係数は 1 である．よって，次式が成立する．

$Ee_{Cu} = E°_{Cu} - (RT/2F) \cdot \ell n(1/a_{Cu^{2+}})$

全く同様にして，亜鉛電強に関しては，次式が成立する．

$Ee_{Zn} = E°_{Zn} - (RT/2F) \cdot \ell n(1/a_{Zn^{2+}})$

ここで，**表 3.4** より，$E°_{Cu} = 0.34$(Vvs.SHE)，$E°_{Zn} = $ -0.76(Vvs.SHE) である．したがって，

U $= \{0.34-(RT/2F) \cdot \ell n(1/a_{Cu^{2+}})\}-\{$-$0.76-(RT/2F) \cdot \ell n(1/a_{Zn^{2+}})\}$

活動度と濃度は近似的に等しいと見なせる．

U $= \{0.34 - (8.32 \times 298)/(2 \times 96500) \cdot \ell n(1/0.1)\}$
　　$-\{$-$0.76 - (8.32 \times 298)/(2 \times 96500) \cdot \ell n(1/0.5)\}$
$= 0.34 - 0.0128 \cdot \ell n(10) - \{$-$0.76 - 0.0128 \cdot \ell n(2)\}$
$= 0.34 - 0.029 - ($-$0.76 - 0.009)$
$= 1.08$

以上より，起電力は 1.08(V) と求まる．

3.2 **表 3.1** および (3.26) 式より，AgCl 水溶液のモル導電率 Λ AgCl は，

$\Lambda_{AgCl} = \Lambda_{AgCl}{}^\infty = \lambda Ag^{+\infty} + \lambda Cl^{-\infty} = 61.9 + 76.4$(Scm^2/mol)

さらに，純水の導電率は実質的に 0 S/m と考えられるので，(3.25) 式において，$k = 1.26 \times 10^{-4}$S/m を入れると，

$\Lambda_{AgCl} = 138.3$(Scm^2/mol) $= k/c = 1.26 \times 10^{-4}(S/m)/c$

演習問題の略解 **191**

が得られる．これより，

$$c = 1.26 \times 10^{-4} (\text{S/m})/138.3 (\text{Scm}^2/\text{mol})$$

となる．さらに，単位を mol/ℓ に換算すると，

$$c = 1.26 \times 10^{-4} \times 1/10 (\text{S/dm})/(138.3 \times 1/10^2)(\text{Sdm}^2/\text{mol})$$
$$= 9.11 \times 10^{-3} \times 10^{-4} \times 10^{-1} \times 10^2 (\text{mol}/\ell)$$
$$= 9.11 \times 10^{-6} (\text{mol}/\ell)$$

が得られる．

3.3 ニカド電池を放電する場合に，十分に電圧が低下する前 (まだ使用可能な状態) にあるときに，充電を行うと初回に放電を中止した低い電圧で作動するようになる．これを繰り返すと使用可能容量が低下する．このような現象をメモリー効果という．

原因はよく解明されていないが，次の項目が考えられている．

(1) 通常は β-NiOOH が形成されるが，その以外の γ-NiOOH が生成する．

(2) サイクル時における未放電 (放電不可) 物質が生成する．

(3) 電極に使用している Cd と Ni の合金が生成する．

容量が低下した電池を回復させるには，何度も容量を残して充電することをしないで，一度充電する前に十分に放電を行うのがよい．

3.4 $\text{LiCr}_{0.5}\text{Mn}_{1.5}\text{O}_4$, $\text{LiCo}_{0.5}\text{Mn}_{1.5}\text{O}_4$, $\text{LiNi}_{0.5}\text{Mn}_{1.5}\text{O}_4$ などが検討されている．

たとえば，負極が黒鉛電極で正極が $\text{LiCr}_{0.5}\text{Mn}_{1.5}\text{O}_4$ の場合，その放電反応は次のように表される．

負極の放電反応：$\text{LiC}_6 \Rightarrow \text{Li}^+ + \text{e}^- + \text{C}_6$

正極の第 1 段の放電反応：$\text{Cr}^{4+}{}_{0.5}\text{Mn}^{4+}{}_{1.5}\text{O}_4 + 0.5\text{Li}^+ + 0.5\text{e}^-$
$$\Rightarrow \text{Li}^+{}_{0.5}\text{Cr}^{3+}{}_{0.5}\text{Mn}^{4+}{}_{1.5}\text{O}_4 \quad \text{(a)}$$

正極の第 2 段の放電反応：$\text{Li}^+{}_{0.5}\text{Cr}^{3+}{}_{0.5}\text{Mn}^{4+}{}_{1.5}\text{O}_4 + 0.5\text{Li}^+ + 0.5\text{e}^-$
$$\Rightarrow \text{Li}^+\text{Cr}^{3+}{}_{0.5}\text{Mn}^{3+}{}_{0.5}\text{Mn}^{4+}{}_{1.0}\text{O}_4 \quad \text{(b)}$$

以上のように，正極の放電反応は 2 段階で進行する．(a) の放電反応は，Cr^{3+} が関与しており，その 3d 電子のエネルギーレベルが，Mn^{3+} よりもより低い位置 (結合がより強い) にあるために負極に対して約 5V で進行するのに対して，(b) の放電反応は，より高いエネルギーレベル (結合がより弱い) にある Mn^{3+} が関与するために，負極に対して約 4V で進行する．したがって，約 5V の起電力を得ることができるのは，第 1 段階の反応が進行する範

囲内である．一方，LiNi$_{0.5}$Mn$_{1.5}$O$_4$ を用いると，次のようなただ1つの放電反応が約5Vで起きるために，電池特性としては好ましいとされる．しかし，結晶構造の変化(相転移)が起きるので，耐久性に課題が残されている．

　　負極の放電反応：LiC$_6$ ⇒ Li$^+$ + e$^-$ + C$_6$

　　正極の放電反応：Ni^{2+}$_{0.5}$Mn^{4+}$_{1.5}$O$_4$ + Li$^+$ + e$^-$ ⇒ Li$^+$Ni^{4+}$_{0.5}$Mn^{4+}$_{1.5}$O$_4$

3.5 電池反応は，H$_2$ + 1/2O$_2$ ⇔ H$_2$O(反応に関与する電子数は2) である．(3.40) 式より，標準起電力 $U° = -(1/nF) \cdot \Delta G°$ の関係が成立する．したがって，

$$U° = -1/(2 \times 96500) \cdot -193000 = 1.00 \quad (J/C)$$

J/C は，定義により V であるので，標準起電力は 1.00V と求まる．ところで，(3.40) 式をこの電池反応に適用すると，

$$U = U° - (RT/nF) \cdot \ell n[(p_{H_2O})/\{(p_{H_2})(p_{O_2})^{1/2}\}]$$

となる．この式に，すべての気体の圧力を1atm としたときが標準状態で，そのとき U = U° となる．まず，水素の圧力のみを1atm から10atm に上昇させたときは，

$$U = 1.00 - \{(8.32 \times 1273)/(2 \times 96500)\} \cdot \ell n[(1)/\{(10)(1)^{1/2}\}]$$
$$= 1.00 - 0.0549 \cdot \ell n(1/10) = 1.13 (V)$$

となり，起電力が13%程度上昇する．

一方，酸素の圧力のみを 1atm から 10atm に上昇させたときは，

$$U = 1.00 - \{(8.32 \times 1273)/(2 \times 96500)\}\ell n[(1)/\{(1)(10)^{1/2}\}]$$
$$= 1.00 - 0.0549 \cdot \ell n\{1/(10)^{1/2}\} = 1.06 (V)$$

となり，起電力は6%上昇する．したがって，燃料と酸化剤を同じだけ圧力を上昇させるときには，燃料側の圧力を上げる方が有利であることが分かる．

4章

4.1 図 4.32 より，次式の関係が得られる．

$$(r+\rho)^2 = (x+\rho)^2 + (r-\rho)^2 \tag{4.45}$$

ここで，$x \gg \rho$ と近似できるので，(4.42) 式より，

$$\rho \fallingdotseq x^2/4r \tag{4.46}$$

となる．また，体積 V は近似的に次式で与えられる．

$$V \fallingdotseq 2\pi x^2 \rho = \pi x^4/2r \tag{4.47}$$

参考文献

[1] 宮地重遠 編,「光合成」朝倉書店 (1992年)
[2] 大阪ガスホームページ (http://www.osakagas.co.jp/)
2004年3月18日プレスリリース「コージェネレーションシステムの進化形である二酸化炭素を利用する農業用トリジェネレーションシステムについて共同実証実験を開始します.」
[3] ESPEC CORP. TECHNICAL REPORT (エスペック株式会社 技術情報誌)
和文 http://www.espec.co.jp/tech-info/spcial_report/index.html
英文 http://www.espec.co.jp/english/tech-info/spcial_report/index.html
[4] 早川勝光, 白浜啓四郎, 井上亨 著,「ライフサイエンス系の基礎物理化学」三共出版
[5] Bennett IM, Farfano HM, Bogani F, Primak A, Liddell PA, Otero L, Sereno L, Silber JJ, Moore AL, Moore TA, Gust D. Active transport of Ca^{2+} by an artificial photosynthetic membrane. Nature. 2002 Nov 28;420(6914):398-401.
[6] 玉虫伶太, 高橋勝緒著,「エッセンシャル電気化学」東京化学同人
[7] 竹原善一郎監修,「燃料電池技術とその応用」テクノシステム
[8] 冨永博夫, 河本邦仁 共著,「反応速度論」昭晃堂
[9] 柳田博明 編著,「セラミックスの化学 第2版」丸善
[10] 水田 進, 脇原將孝 編,「固体電気化学 [実験法入門]」講談社サイエンティフィク
[11] 中西典彦, 坂東尚周 編著,「無機ファイン材料の化学」三共出版
[12] 荒井康夫, 安江 任 著,「ファインセラミックスの構造と物性」技報堂出版
[13] 曽我直弘 著,「初級セラミックス学」アグネ
[14] 水田 進, 河本邦仁 著,「セラミックス材料科学」東京大学出版会

索　引

● あ 行 ●

アノード, 104, 124
アノード電流, 124
アラニン, 108
アルカリ形燃料電池, 138
アレニウス, 112
安定化ジルコニア, 14
イオン結晶, 2
イオン伝導, 176
イオン伝導体, 124, 176
イオン半径比, 2
一致溶融, 92
一致溶融化合物, 92
イットリア安定化ジルコニア, 144
移動度, 112
イルメナイト型, 6
陰極, 104
インターコネクタ, 144
ウルツ鉱型, 6
液相焼結, 182
エネルギー保存則, 30
エンタルピー, 30
円筒型, 144
エントロピー, 44
オーム損, 136

● か 行 ●

加圧焼結, 182
外因的な格子欠陥, 14
外界, 22
会合, 10
回転引き上げ法, 94
開放系, 22
界面抵抗, 118
解離機構, 172
解離曲線, 108
化学拡散, 170
化学量論組成, 10

可逆反応, 52
拡散, 166
拡散機構, 176, 180
拡散係数, 106, 166
拡散現象, 106
拡散の活性化エネルギー, 166
拡散方程式, 166
核生成, 158, 160
核生成速度, 155
核成長, 158
過充電, 130
ガス拡散電極, 140
ガスシール材, 144
カソード, 104, 124
カソード電流, 124
活性化エネルギー, 152, 156
活性化過電圧, 140
活動度, 120, 132
活量, 78
活量係数, 78, 122
過電圧, 128, 136
過放電, 130
過飽和, 154
ガラスセラミックス, 162
ガラス転移温度, 160
カルノーサイクル, 38
還元体, 124
還元電流, 128
完全気体, 70
緩和空孔機構, 172
貴金属触媒, 138
基準電極, 122, 126
規則‐不規則転移, 150
起電力, 118
ギブズの自由エネルギー, 56, 120
逆反応, 52
凝固点降下, 80

共晶温度, 92
共晶反応, 92
共融現象, 142
共有結合性結晶, 4
均一核生成, 154–156
銀-塩化銀電極, 122, 126
金属水素化物, 130
金属の酸化, 102
空孔, 171
空孔機構, 171
クラウジウス・クラペイロンの式, 42, 150
クラスター, 10, 12, 154
クレーガー・ビンクの表記法, 8
系, 22
経路関数, 24
欠陥, 94
欠陥構造, 94
結合性軌道, 4
結晶化, 160
結晶化ガラス, 162
結晶構造, 150, 152
結晶質, 90
結晶成長, 158, 160
結晶の不完全性, 8
限界電流密度, 136
原子軌道, 4
光合成, 106
格子拡散, 174
格子間機構, 172
格子間原子, 10
格子空孔, 10
格子欠陥, 8
格子定数, 90
コージェライト, 162
固相反応, 178
固体高分子形燃料電池, 138, 140
固体酸化物形燃料電池, 96, 138, 144
固体電解質, 176
コバルト酸リチウム, 134
コランダム型, 6
孤立系, 22
混合塩, 142
混合伝導体, 144
混成軌道, 4

● さ 行 ●

サイクリックボルタモグラム, 128
サイクリックボルタンメトリー, 128
再編型転移, 152
細胞間隙, 106
細胞膜, 110
最密充填構造, 6
酸解離定数, 108
酸解離平衡, 108
酸化水酸化鉄, 102
酸化水酸化ニッケル, 132
酸化体, 124
酸化電流, 128
酸化物イオン伝導体, 14, 136
3重点, 76
酸素還元反応, 140
酸素空孔, 96
示強変数, 22
自己拡散, 168
自己拡散係数, 106
自己組織化, 88
実在気体, 70
実在溶液, 78
失透, 160
質量作用の法則, 50
質量モル濃度, 78
シフト反応, 142
シャルル, 70
シャルルの法則, 70
自由エネルギー, 150
充填塔, 86
自由度, 68
充放電反応, 130, 132, 134
樹枝状結晶, 104
準格子間機構, 171
蒸気圧, 76
蒸気圧降下, 80
晶系, 90
焼結反応, 178
状態関数, 24
状態図, 90
蒸発凝縮機構, 180
蒸留, 86
示量変数, 22

索　引　　**197**

ジルコニア, 96
人工光合成, 110
浸透圧, 80, 84
水酸化銅, 104
水素吸蔵合金, 130
水素酸化反応, 140
水素標準電極, 120
水熱合成法, 94
水和酸化鉄, 102
スピネル型, 6
スピノーダル分解, 164
生成熱, 28
正反応, 52
セル起電力, 136
閃亜鉛鉱型, 6
せん断構造, 12
相互拡散, 170, 178
相律, 68

● た 行 ●

第一種永久機関, 40
体積拡散, 174
体積増加速度, 158
第二種永久機関, 40
ダイヤモンド型, 6
多形, 150
多形転移, 152
多孔質ガラス, 164
多孔質触媒層, 142
ダニエル電池, 118
単位格子, 90
単極電位, 122
単結晶, 94
単純立方格子, 6
炭素, 134
断熱, 36
短絡拡散, 174
緻密化, 180
中和滴定, 108
中和熱, 28
超臨界状態, 78
超臨界流体, 78
直接交換機構, 171
定圧熱容量, 34

抵抗率, 112
定容熱容量, 32
滴定, 108
鉄サビ, 102
鉄の酸化反応, 102
転移, 150
転位拡散, 174
転移曲線, 150
電位差, 118
転移速度, 152
転移点, 150
電解質, 112
電解質層, 142
電解質膜, 140
電気陰性度, 6
電気化学的現象, 102
電気分解装置, 116
電極反応, 124
電極反応速度, 124
電極反応の解析, 128
点欠陥, 8
電池反応, 136
デンドライト, 104
電流-電圧曲線, 128
透析膜, 110
導電率 κ, 112
トレーサー, 168
トレーサー拡散係数, 106

● な 行 ●

内因性格子欠陥, 10
内部エネルギー, 24
ナノテクノロジー, 88
ニカド電池, 132
二次電池, 130
ニッケルカドミウム電池, 132
ニッケル水素電池, 130
濡れ角, 156
熱化学, 26
熱間静水圧プレス法, 182
ネック成長, 180
熱膨張係数, 150
熱力学第 1 法則, 30
熱力学第 3 法則, 48

熱力学第 2 法則, 40
ネルンスト, 48, 122
ネルンスト・アインシュタイン, 176
燃焼熱, 28
燃料電池, 14, 136
濃度過電圧, 136

● は 行 ●

配位数, 2
パイロクロア型, 6
半電池, 122
半導体メモリー, 184
半透膜, 84
反応拡散, 170
反応焼結, 182
反応速度, 50
非化学量論組成, 10
非結合性軌道, 4
非晶質, 90
ヒットルフ, 116
被毒, 140
比熱, 32, 150
微分表面結晶化法, 162
標準起電力, 120
標準自由エネルギー変化, 120
標準水素電極, 122, 126
標準電極電位, 120, 127
表面拡散, 174
ファラデー定数, 114
ファン デル ワールス, 72
ファン デル ワールスの状態方程式, 72
ファント ホッフの法則, 84
フィックの第一法則, 166
フィックの第二法則, 166
フィックの法則, 166
不均一核生成, 154–156
不混和領域, 164
不純物拡散, 170
腐食, 102
普通焼結, 182
フッ素樹脂系イオン交換樹脂, 140
沸点上昇, 80
ブラヴェ格子, 91
フラックス法, 94

プランク, 48
フリーズドドライ, 88
分子軌道法, 4
分相, 164
分別蒸留, 86
分留, 86
平衡状態図, 10
閉鎖系, 22
平板型, 144
ヘスの法則, 26
ベルヌーイ法, 94
ヘルムホルツの自由エネルギー, 56
ペロブスカイト型, 6
ペロブスカイト型構造, 14
変位型転移, 152
鞭毛モータ, 88
ボイル, 70
ボイル・シャルルの法則, 70
ボイルの法則, 70
放物線則, 178
蛍石型, 6, 12, 14
ホットプレス, 182
ボルタンメトリー, 128

● ま 行 ●

マイグレーション現象, 104
膜-電極接合体, 140
膜透過係数, 110
マグネリ相, 12
密集イオン機構, 172
無限希釈導電率, 114
ムライト, 94, 162
メッキ, 102
メモリー効果, 132
モル導電率, 114
モル濃度, 78
モル分率, 80

● や 行 ●

ヤンダー式, 178
有効電荷, 8
ゆらぎ, 154
輸率, 116
溶解度ギャップ, 164
溶解熱, 28

陽極, 104
溶融炭酸塩形燃料電池, 138, 142

● ら 行 ●

ラウールの法則, 78
ランダムウォーク, 168
理想気体, 70
理想気体の状態方程式, 70
理想溶液, 78
リチウムイオン二次電池, 134
立方最密充填格子, 6
粒界拡散, 174
流束, 166
流動機構, 180
理論起電力, 132
理論効率, 136
臨界圧力, 74
臨界温度, 74
臨界半径, 155
臨界核, 155
リング機構, 172
リン酸形燃料電池, 138, 142
ルチル型, 6
六方最密充填格子, 6
$Cu(OH)_2$, 104
Fe_2O_3, 102
$LaMnO_3$, 144
$LiCoO_2$, 134
nH_2O, 102
UO_{2+x}, 12

● 欧 字 ●

AFC, 138
Arrhenius, 112
Avrami, 158
Boyle, 70
Boyle-Charles, 70
CaB_6 型, 6
Charles, 70
Clausius-Clapeyron, 42, 150
CsCl 型, 6
CV, 128
Daniell, 118
FeO, 10
FeOOH, 102
Gibbs, 120
Hess, 26
HIP, 182
Hittorf, 116
HP, 182
Jander's equation, 178
Kröger-Vink, 8
MCFC, 138, 142
MEA, 140
MnO, 10
molarity, 78
MOS, 184
NaCl 型, 6, 10
Nernst, 48, 122
Nernst-Einstein, 176
Ni/YSZ サーメット電極, 144
NiAs 型, 6
NiOOH, 132
p-n 接合, 184
PAFC, 138, 142
PEFC, 138, 140
Planck, 48
Raoult, 78
RE, 122, 126
ReO_3 型, 6
SHE, 122, 126
SOFC, 138, 144
TiO, 10
van der Waals, 72
van't Hoff, 84
WC 型, 6
YSZ, 144

著者略歴

永井　正幸（ながい　まさゆき）
1977 年　東京大学大学院工学研究科修了（工学博士）
現　在　武蔵工業大学工学部教授

片山　恵一（かたやま　けいいち）
1976 年　東京工業大学大学院理工学研究科修了（工学博士）
現　在　東海大学工学部教授

大倉　利典（おおくら　としのり）
1990 年　東京都立大学大学院工学研究科修了（工学博士）
現　在　工学院大学工学部助教授

梅村　和夫（うめむら　かずお）
1995 年　東京工業大学生命理工学研究科修了（博士（理学））
現　在　武蔵工業大学工学部講師

ライブラリ工科系物質科学＝4
工学のための**物理化学**
——熱力学・電気化学・固体反応論——

2006 年 11 月 10 日　Ⓒ　　　　初　版　発　行

| 著者 | 永井　正幸
片山　恵一
大倉　利典
梅村　和夫 | 発行者　森平勇三
印刷者　中澤貞雄
製本者　関川安博 |

発行所　　株式会社　サイエンス社

〒151-0051　東京都渋谷区千駄ヶ谷 1 丁目 3 番 25 号
〔営業〕（03）5474-8500（代）　振替　00170-7-2387
〔編集〕（03）5474-8600（代）　FAX（03）5474-8900

組版　イデア コラボレーションズ(株)
印刷　（株）シナノ　製本　関川製本所

《検印省略》
本書の内容を無断で複写複製することは、著作者および出版者の権利を侵害することがありますので、その場合にはあらかじめ小社あて許諾をお求め下さい。

ISBN4-7819-1149-8
PRINTED IN JAPAN

サイエンス社のホームページのご案内
http://www.saiensu.co.jp
ご意見・ご要望は
rikei@saiensu.co.jp　まで

基本物理定数

量	記号および等価な表現	値
真空中の光速度	c	$2.9979 \times 10^8 \text{ m s}^{-1}$
真空の誘電率	ε_0	$8.8542 \times 10^{-12} \text{ C}^2 \text{ N}^{-1} \text{ m}^{-2}$
電気素量	e	$1.6022 \times 10^{-19} \text{ C}$
プランク定数	h	$6.6261 \times 10^{-34} \text{ J s}$
アボガドロ定数	L	$6.0221 \times 10^{23} \text{ mol}^{-1}$
原子質量単位	$1\text{ u} = 10^{-3} \text{ kg mol}^{-1}/L$	$1.6605 \times 10^{-27} \text{ kg}$
電子の静止質量	m_e	$9.1094 \times 10^{-31} \text{ kg}$
ファラデー定数	$F = Le$	$9.6485 \times 10^4 \text{ C mol}^{-1}$
ボーア半径	$a_0 = \varepsilon_0 h^2 / \pi m_e e^2$	$5.2918 \times 10^{-11} \text{ m}$
気体定数	R	$8.3145 \text{ J K}^{-1} \text{ mol}^{-1}$
		($8.2058 \times 10^{-2} \text{ dm}^3 \text{ atm K}^{-1} \text{ mol}^{-1}$)
セルシウス目盛におけるゼロ	T_0	273.15 K （厳密に）
標準大気圧	P_0	$1.01325 \times 10^5 \text{ Pa}$ （厳密に）
理想気体の標準モル体積	$V_0 = RT_0/P_0$	$2.2414 \times 10^{-2} \text{ m}^3 \text{ mol}^{-1}$
ボルツマン定数	$k = R/L$	$1.3807 \times 10^{-23} \text{ J K}^{-1}$
自由落下の標準加速度	g_n	9.80665 m s^{-2} （厳密に）